西洋天文学史

Michael Hoskin 著
中村 士 訳

SCIENCE PALETTE

丸善出版

The History of Astronomy

A Very Short Introduction

by

Michael Hoskin

Copyright © Michael Hoskin 2003

All rights reserved. No part of this book may be reproduced or transmitted in any form or by any means, electronic or mechanical, including photocopying, recording or by any information storage retrieval system, without the prior written permission of the copyright owner.

"The History of Astronomy: A Very Short Introduction" was originally published in English in 2003. This translation is published by arrangement with Oxford University Press.
Japanese Copyright © 2013 by Maruzen Publishing Co., Ltd.
本書は Oxford University Press の正式翻訳許可を得たものである．

Printed in Japan

訳者まえがき

　本書の原著（2003年）は，英国の天文学史家マイケル・ホスキンが，オックスフォード大学出版局が出版する"A Very Short Introduction"シリーズのために執筆した本で，原題を直訳すれば『天文学史』です．しかし，この翻訳では内容を考慮して，あえて『西洋天文学史』としました．

　ホスキンはケンブリッジ大学の科学史学科で，30年間にわたって天文学史を教えてきた，現代を代表する天文学史研究者の一人です．1970年には，著名な国際学術誌"Journal for the History of Astronomy"を創刊し，現在まで編集長を務めています．また，1997年に出版した"The Cambridge Illustrated History of Astronomy"は，珍しい図や写真も多数載せた，非常に優れた天文学史の概説書であり，本書はその要約といってもよいでしょう．

　本書が扱う時代は，有史以前の巨石文化の時代から19世紀の中頃までです．恒星や銀河の物理学，つまり天体物理学が本格的に発展し始めるのは，1850年代以後ですから，本書が19世紀の中頃で記述を止めたのは少し物足りない気もします．おそらく，1850年代以以降の天体物理学は，物理

や化学も含めた広い科学分野に関連しますので，本書のような小冊子では全部をカバーできないと潔く諦めたのかもしれません．その代わり，エピローグでごく簡単に現代天文学についてまとめています．

　もう一つ，ヨーロッパ以外の古代天文学，すなわち中国とインドの天文学史にまったく触れていないのも少し残念です．他方，ニュートン以後の天文学は，大部分が英国における天文学発展の歴史の話で，他のヨーロッパ諸国の天文学史は大胆に省略されており，まるで英国天文学史ではないかとちょっぴり皮肉もいいたくなります．とはいえ，英国がフランスとならんで，近世以後の天文学ではもっとも大きな貢献をしてきたのも紛れのない事実です．

　このように，いくつかの小さな不満はありますが，天文学の歴史の主要なポイントはキチンとおさえています．専門用語をなるべく使わない平易な語り口にもかかわらず，内容の学問的レベルは落とさずに説明している点は，さすが現代を代表する天文学史家です．今では高度なビッグ・サイエンスに発展している現代天文学とその宇宙観が，どのようにして誕生し，進歩してきたかを知るための格好の入門書として，多くの読者に勧めたい良書です．

2013 年 4 月

中村　士（つこう）

目 次

1 有史以前の空　1
2 古代の天文学　7
3 中世の天文学　31
4 変容する天文学　57
5 ニュートンの時代の天文学　79
6 恒星宇宙を探求する　105

エピローグ　143
参考文献　149
図の出典　150
用 語 集　151
索　引　155

第1章

有史以前の空

　天文学史の研究者は，おもに現在にまで伝わった昔の文書・文献と，残された天文器具や天文観測所の遺跡を対象に研究をします．歴史上の文書は，古代の文書では断片的なものが多く，近世になるにしたがって膨大な量に増えます．ところで，記録のための文字が発明される以前に，ヨーロッパや中東に住んでいた人々が，天に対して抱いていた「宇宙観」について，上に述べた研究からどんなことがわかるでしょうか．そもそもこの時代にも，日食や月食の予報ができた科学的な天文学が存在したのでしょうか．

環状列石の遺跡は古代の天文台か？

　こうした疑問に答えるために私たちがおもに頼りにするのは，巨石を配列した遺跡です．配列の方位，周囲の地形との関係，石に刻まれた記号や文様を調べますが，似たような例がほかにない遺跡の場合には，このやり方は問題を引き起こ

します．例えば，英国の有名なストーンヘンジの遺跡では，ある石の配列は夏至の時の日の出の方角，別の石の並びは冬至の日没の方向を指しているとされています．しかし，ストーンヘンジを建設した人々は，確かに日の出や日没などの天文学的意味を考えてつくったのでしょうか．あるいは，本当はまったく違う目的で建造したか，単なる偶然で日の出，日没の方向と一致している可能性はないのでしょうか．

紀元前約3000年につくられたと推定される別の遺跡は，おうし座のプレアデス星団（日本名すばる）が地平線から昇ってくる東の方向を向いていると解釈されています．ほかに，この遺跡の方角は夏至と冬至における太陽の方角の中間点を指している，これは遠方に見える聖なる山の方角である，いや，ここは傾斜地だからこの向きにしか遺跡を建造できなかったのだ，など，いくつかの別説もあります．はたしてどの説が建設者の本当の意図を示しているのでしょうか．

ある広い地域に同じような遺跡がたくさん存在する場合には，それら全体を調査することによって，より確かな結論が得られます．西ヨーロッパの考古学者たちは，各地に分布する新石器時代の共同墓地を研究しました．この時代までに人々は，採取や狩猟のため放浪することをやめて定住する農耕の生活に入ったとされています．彼らの共同墓地は，部族の死者を葬るために長い間使用され，新たな死体は正面の入口から中に運ばれました．ここでは，墓の中心から正面入口を見た方向をこの墓の方位と約束することにします．

中部ポルトガルにはこのような墓が非常に多数あり，その特徴的な形からすぐに古代の墓と見分けられます．平坦な地

夏至の日の出　東　冬至の日の出　南

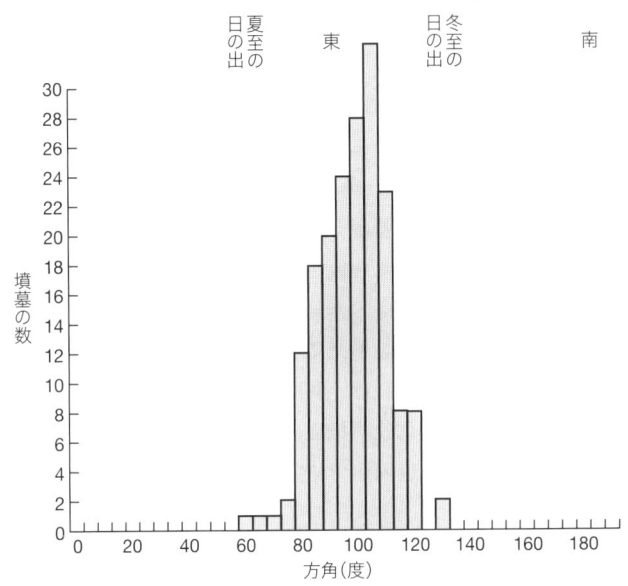

図1 ポルトガル・スペイン地方の7石室墳墓の方位分布を示したヒストグラム．ポルトガル中部およびスペイン国境付近の177個の墳墓を調べた．水平からの傾斜角も考慮すると，どの墳墓も日の出の方角を向いていることがわかった．図に示したように，それらの大部分は秋の日の出の方向であり，農作物の収穫がすんだ比較的ひまな時期に建造されたことを示唆する．これは，後世の英国や他の国のキリスト教会が，教会の建設が始まった当日の日の出の方角に向かって建てられたという伝統的習慣とも一致している．

形で，東西南北約200キロメートルの範囲にわたって，そのような墓が分布しています．私が調査したこれら177個の墓はすべて東の方向，つまり，ほぼ日の出の方角を指していました（図1）．

それだけでなく，とくに，秋と冬に日が昇る方向を向いた墓が圧倒的に多かったのです．歴史上の記録から，多くの国

のキリスト教会は,日の出の方向に向かって建てられていることが知られています.その理由は,日の出の太陽は,キリストのシンボルと信じられたからです.教会を建てた人々は,実際には,建造が始まったその日の,日の出の方角に向くように教会をつくったのです.新石器時代の墓を建てた人々にも同じような慣習があって,日の出の太陽が新たな生命のシンボルとみなしたと仮定してみましょう.農作物の収穫が終わった後の秋と冬の季節は,彼らは比較的ひまだったはずで,共同墓地の建設事業に専念する余裕があったに違いありません.そう考えれば,共同墓地がみな同じ方位を向いていることも合理的に説明できるし,反対にそれ以外の理由を思い浮かべることは困難です.

以上の推理が正しいとすると,キリスト教会の建設者が抱いていた天に対する考えと同じ考え方,つまり同じ宇宙観を新石器時代の人々ももっていたことになります.しかし,その考え方はいわゆる「科学」とは関係ありません.

30年ほど前,有史以前のヨーロッパに科学としての天文学が存在したと主張した人がいました.アレクサンダー・トムという引退した技術者で,彼は英国に現存する非常に数多くの環状列石を調べ上げました.トムは,環状列石の建造者は,特別な日,例えば冬至の日の出を列石の中心から見たときに,背景のある山と重なって見えるように石を配置したと考えました.建造者は特別な日の太陽と月の出没を精密に測定したので,太陽と月の運行周期を知り,日月食の予報もできた,その結果,彼らは周囲の部族より文化的に優位に立つ

ことができたとトムは述べました．

トムのこの調査は，強い興味をいだく研究者が多く現れるとともに，論争も引き起こしました．しかし，ある研究者がトムの調べた遺跡の方位を調査し直した結果，トムはそれぞれの方位が天文学的に意味をもつように，基準になる遠方の山を意図的に選んでいた疑いが強まりました．古代人が同じように考えた証拠は何もなかったのです．現在ではトムの説を信じる人は少数派ですが，有史以前の人々が宇宙についてどう考えたかという問題をはじめて提起したという点では，トムの研究は意義があったといえます．

有史以前の時代で，天を実生活の中で役立てることができたのは，二つのグループでした．船乗りと農夫です．現在でも太平洋やほかの大海の航海者は，行き先を知るのに太陽と星々を利用します．有史以前の地中海でも同じ方法が使われたと考えられていますが，いまではその証拠はほとんど見つかりません．農業の場合，農作物をいつ植えていつ刈りとるかの農業カレンダーがあったはずです．実際，紀元前8世紀頃のギリシア詩人ヘシオドスが「労働と日々」の中で述べているのと同じやり方で，季節を知るのにいまでも天体を利用している地方がヨーロッパにはいくつもあります．太陽は星座の間を1年で1周しますから，ある特定の星，例えば太陽がシリウスに近づき，明け方に太陽とシリウスが同時に空に見えていることが1～2週間続きます．しかし太陽がさらに接近すると，シリウスは太陽の輝きの中に消えて見えなくなります——この現象をヘリアカルライジング（日の出前出現）とよぶのです．ヘシオドスは，当時の農夫たちがこのヘリア

第1章　有史以前の空　　5

カルライジングを農業カレンダーとして使っていたと書いていますが，これは昔からの経験に基づいた知識だったに違いありません．

　驚くべきことに，もっとずっと昔から似たような方法が利用されていた証拠があります．それは，紀元前約3000年前にさかのぼるマルタ島のイムナイドラ寺院の石柱に彫られた刻み跡です．私たちの同僚の調査で，石柱の表面に計算表と思われる一連の小孔の列が見つかりました．その孔の数を解析した結果，ある重要な星のヘリアカルの出から次の出までの日数だとわかったのです．次章で述べるように，古代エジプトでは，シリウスのヘリアカルの出は，エジプトの太陽暦が誕生するのにきわめて重要な役割を果たしたのでした．

第 2 章
古代の天文学

　近代天文学の先祖は，紀元前 2000 〜 3000 年紀という霧のような有史以前の混沌の中から出現し，古代エジプトとバビロニアの地で複雑な過程を経て発展してきました．エジプトでは，広大な王国を効率的に支配するのに優れたカレンダーが必要でした．宗教的儀式のためには，夜の時刻を知る方法が必要でしたし，ピラミッドを東西南北の方位に合わせて正確に建設する技術も要求されました．一方のバビロニアでは，王の地位つまり国家を安泰に維持できるか否かは，空に現れる予兆を正しく判断できるかどうかにかかっていました．

エジプトの天文学
　古代人にとって，カレンダーをつくることはなまやさしい仕事ではありませんでした．なぜなら，1ヵ月と1年の長さは1日の整数倍ではなく，端数があるからです．また，1年

の長さも1ヵ月の整数倍ではありません．現在のカレンダーで，1ヵ月の長さが月によって驚くほど違うのは，自然がカレンダー製作者に課した難問の現れといってよいでしょう．

エジプト人の場合，毎年起こるナイル川の氾濫によって生活が左右されていました．そのうちに彼らは，シリウスの出，つまりヘリアカルライジングを起こすのとちょうど同じ時期に，ナイルの洪水も必ず発生することに気づきました．そして，シリウスの出の周期を暦として利用することを思いつきました．1年の長さは12ヵ月と11日ほどですが，エジプト人が考えだしたカレンダーは，シリウスの出がつねに第12番目の月（12月）になるようにつくられました．ある年のシリウスの出が12月の初めのほうで起これば問題はないのですが，年が積み重なって，やがてシリウスの出が12月の終わり近くになったとします．その場合，何もしなければ，シリウスの出はやがて翌月に移ってしまいます．これを防ぐためにエジプト人は，うるう月という余分な1ヵ月を考案したのでした．

上に述べたカレンダーは宗教上の祭事をとり行うためには適していました．しかし複雑で高度に組織化されたエジプトの人民社会を支配するには，別種のカレンダーもつくられました．それは無情なほど単純化されたカレンダーで，1年はいつもきっちり12ヵ月からなり，10日間を1週間とする3個の週が1ヵ月で，この12ヵ月に余分な5日をつけ加えて，1年を365日としました．しかし，本当の1年の長さは365日より数時間長いため，長い年月のうちに，例えば正月が，冬に来たり春になったり，ゆっくりと季節の間を移動して不

便です（そのため，現在ではうるう年を設けています）．ですが，エジプトの支配者は，より単純な規則の暦という利点のほうを優先して採用したのでした．

　この1年間が36週という数に対応して，デカンとよばれた36個の星が天を1周するように選ばれました．すると，それぞれのデカンは10日ごとにシリウスのようにヘリアカルライジングを起こしますし，夜にはほかのデカンも空に見えているので，デカンは夜間の時刻を知るのにも役立ちました．

　エジプトの宗教では天はきわめて重要な役割を担っていました．神々が天の星座に宿っていると考えられたからです．また，エジプトの支配者ファラオは，自分も死後，その星座の列に加わろうと，地上では多大な労力を費やしました．そのよい例が，紀元前2600〜2400年代につくられたファラオの墓であるピラミッドを，正確に南北方向に合わせて建設したことです．どうしてそれができたかはいまだ論争がありますが，一つの手がかりは，ピラミッドの南北の方向はわずかに誤差があり，この誤差はピラミッドが建造された年代とともに少しずつ系統的に変化していることです．エジプト人は，天の北極近くにある星（周極星といいます）を二つ選んで，それを結んだ線上に天の北極がつねに位置すると信じ，この直線が地平線に対して直角になったときを基準に真北の方角を決定したようです[*1]．すると，天の北極は実際には，地球の地軸が回転する「歳差」という現象のために，北極の方向はわずかずつ星々の間を移動しますから，それがピラミッドの南北方位の誤差として現われたというわけです．

エジプトでは，幾何学と代数学はあまり発達しませんでした．そのため，惑星や星の動きを数学的に理解する天文学は誕生しなかったのです．エジプトの分数は独特で，分子がつねに1である，「単位分数」だけが使われました．

バビロニアの天文学

他方，エジプトとは対照的に，紀元前2000年前のバビロニアではすばらしく高度な代数学が生まれ，それによって数理的な天文学も発達しました．当時の筆写書記は，手のひらほどの大きさの柔らかい粘土板に，筆記用具の先を斜めに押し当てて数字の1を表し，水平に当てて10を表現しました．この方法で59までの数字を記述しました．しかし，60は数字の1と同じ記号を使用しました．また，60×60や60×60×60でも同じことをくり返します．つまり，これは60進法で，このやり方でいくらでも大きな数を表せるのです．現在の私たちも，角度と時間の分，秒を表すのにこの60進法を使っています．

バビロニアの宮廷高官は，あらゆる種類の前兆をいつも気にしていました——とくに羊の内臓による占いは重要でした．そして，不吉な前兆の後に起こったあらゆる災難や不幸を記録に残しました．この記録によって，将来似た前兆が見られた場合，その結果として起こりうる災難を防ぐために，必要な儀式を執り行うのが目的でした．紀元前900年前までには，7000個に及ぶ前兆の概説書がすでに編纂されていたのです．

この後まもなく，筆写書記たちは天文現象と気象現象を系

統的に記録することをはじめました．それらの予知の精度を向上させるためです．これは700年間もずっと続けられ，それらの記録から太陽，月，惑星の運動が周期的であることが次第にわかってきました．書記たちは，将来における天体の運行を予測する目的で，それらの周期から位置を60進法で代数学的に計算する方法を考案しました．例えば，太陽が星々の間を巡る速さは1年のうち半年は加速し，残りの半年は減速します．この現象を説明するために，バビロニア人は二つの近似的な考え方を採用しました．一つは，半年間はある一定の速度で運行し，ほかの半年は別な一定速度で動くという考え，もう一つは，図2に示すように半年間は一定の割合で速度が増え，残りの半年は一定の割合で減速するという考え方です．これらはもちろん真の運動の近似にすぎませんが，現象を予測するのには役立ちました．

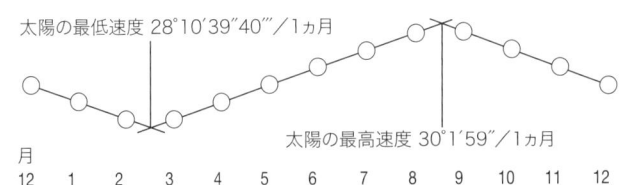

図2 古代バビロニアで用いられた太陽のジグザグ運動モデル．紀元前133〜132年のバビロニア楔形文字粘土板に記された，天空上の太陽の運動速度を現代風に表現したグラフである．6ヵ月間，速度が一定の割合で増加し，その後の6ヵ月間は同じ割合で速度が減少するという考え方は，簡便な数学的近似にすぎないが，実際の太陽の動きをかなりよく現わすことができた．図の数値，例えば30°1′59″は，60進法で30度1分59秒を意味する．

ギリシアの天文学

　紀元前4世紀以前のギリシア天文学に関する私たちの知識はごく断片的です．その理由は，当時の記録はほとんど残っておらず，アリストテレス（紀元前384～322）が自分の著書の中で，反論する対象として過去の天文学を引用したものだけがおもに知られているためです．それらの特徴は二つ，自然を迷信や超常現象に頼らずにありのままで説明しようとした態度，および大地は球体であると認識した点です．アリストテレスは，月食の欠け際がいつも円弧なのは，大地が球形でその太陽による影が月面に投影されるからだと正しく理解していました．

　ギリシア人は地球が球形であることを知っていただけでなく，エラトステネス（紀元前276頃～195）は地球の実際の大きさを非常に正確に決めることに成功しました（図3）．このとき以来，多少の教育を受けた人なら誰でも，大地は球

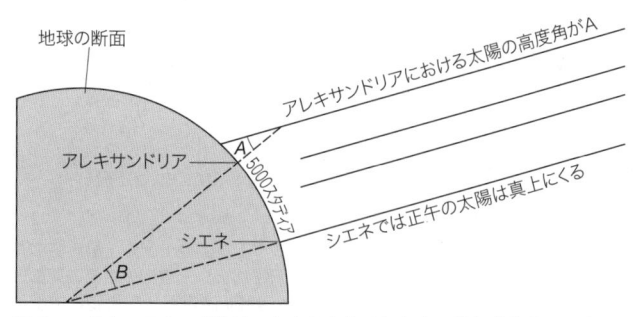

図3 エラトステネスが地球の大きさを求めた方法の幾何学的説明．太陽は非常に遠いので，シエネとアレキサンドリアにおける太陽光線は平行と見なすことができる．すると，∠A＝∠Bとなる．

エラトステネスによる地球全周の測定

　エラトステネスは，アスワン地方のシエネでは夏至の正午に太陽は真上に来ることを聞いていました．また，アスワンのほぼ真北に位置するアレキサンドリアとの距離は5000スタディアであることを知っていました．そこで，同じ日にアレキサンドリアで太陽の高度を測定し，この5000スタディアは地球全周の50分の1に相当することを知りました．すると，地球全周は25万スタディアと計算できます．当時の1スタディアが，現在の何メートルに当たるかは議論の余地がありますが，エラトステネスがかなり正確な地球の大きさを求めたことは間違いありません．

形であることが常識になりました．

　もし大地が球形なら，それを取り囲む天も同じく球形とみなすのが自然でしょう．とすれば，地球上のわれわれはいつも天球のちょうど半分を見ていることになり，地球は天球の中心に位置するという考えが出てきます．このようにして，ギリシア人の間に，天球の中心に球形の大地が存在するという古典的なギリシアの宇宙モデルが誕生したのでした．

　アリストテレスの大部な著作は，アイザック・ニュートンの時代にもまだ，英国のケンブリッジ大学で教えられていました．アリストテレスは，宇宙の中心に位置する地上界を，月から先の距離にある天上界から明確に区別しました．地上

界の中では，生まれては消えてゆく，誕生と死の変化があり，地上界の中心が地球です．地球を中心に，まず水の層，その上に空気の層，さらにその上に火の層が取り巻いていて，あらゆる物体はこれら3元素からできています．地上界での物体の運動はすべて，地球の中心に向かうか，遠ざかるかの直線運動です．これらの運動は，それぞれの物質には地球中心からの距離に応じた適切な場所があり，そこに落ち着くために運動が起こるのです．例えば，石は地球中心に近い最適な場所へ向かって落下するのであり，炎は火の層に適所があるため上昇すると考えました．

火の層のすぐ外側から，天上界の領域が始まります．ここでは運動は直線でなく円運動なので，終わりのない永遠に続く運動です．天上界のいちばん高い場所は，無数の星々が散りばめられて回転する恒星天球です．ここで「恒星」というのは，星どうしの位置関係が変化しないという意味です．恒星でない星の数は全部で7個，最も近い月，太陽，水星，金星，火星，木星，土星です．これらの天体は背後の恒星に対して永遠に動き続けます．とくに水星から土星までの星は，ときには逆行運動も示します．そのため，これら5天体は惑える星，つまり「惑星」とよばれました．

天性の数学者でアリストテレスの先生でもあったプラトン（紀元前427〜348/7）は，次のように述べていました．「われわれは法則によって支配された宇宙に住んでいると，私は信じる．しかし惑星の運動はこの考えに当てはまらないように見える．たぶん惑星も別な法則にしたがって運動しているのであろうが，動きが複雑すぎてわれわれはその法則性をま

だ発見できないのだ」と．

ユードクソスの同心球宇宙モデル

この惑星運動の問題に挑戦したのが数学者ユードクソス（紀元前400頃〜347）です．彼は，各々の惑星の運動は，それぞれ3個か4個の同心球（中心を共有する球）の回転によって説明できる，つまり惑星の運動には数学的な法則性があると主張しました．各惑星に対する数個の同心球のうち，惑星自身はいちばん内側の球の赤道上を，一様な速度で回転します．この球の極軸（回転軸）は，すぐ外側の球面に固定されています．そしてこの外側の球も，ある方向を向いた極軸の周りに一様に回転します．このように，3個か4個の同心球の位置関係を注意深く組み合わることで，月・太陽，惑星の動きをうまく表せるのです．例えば月の場合，いちばん内側の球の赤道上を，月がその公転周期である27.2日で回転します．この球の回転軸は，18.6年の周期で回転する外側の球に固定されているため，これで日月食を周期的に起こすことができます．また，その外側の球は24時間で回転するので，月も星々と同じ日周運動をさせることができました（図4）．

5惑星の場合はどれも，同じ速度で反対向きに回転し，回転軸だけがわずかにずれている2個の同心球を用いました．これによって，南北方向の8の字型の動きを説明しました．また，ほかの2個の同心球も組み合わせて，惑星に特有な逆行運動も表現できました．

ユードクソスによるこの幾何学的モデルで，月・太陽と惑

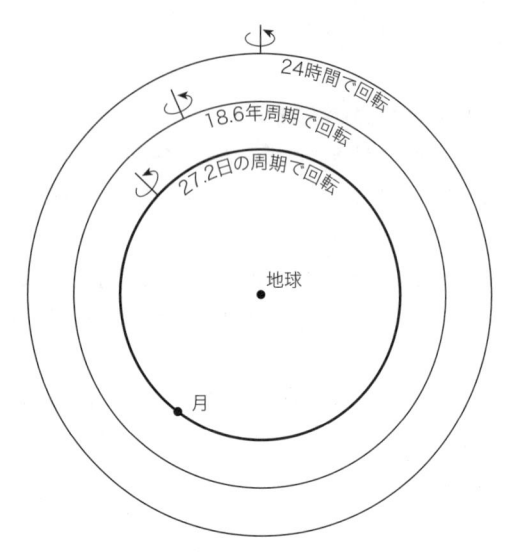

図4 ユードクソスによる月運動の同心球モデル．天球の中心は地球である．月はいちばん内側の球の赤道上に位置し，この球は極軸の周りに1ヵ月（27.2日）の周期で回転する．この極軸は，18.6年の周期で回転する外側の球に連結している（18.6年は日月食が起こる周期である）．そしてこの球は，24時間で1周するいちばん外側の球に連結しているので，日周運動も起こさせることができる．

星の動きの主要な特性は説明できたのですが，問題も残りました．このモデルでは，惑星の逆行運動は完全に同じ周期でくり返しますが，実際の惑星の運動は正確な予測ができない"惑った"動きなのです．さらに，このモデルでは，地球と天体との距離はつねに一定です．しかし実際の惑星では光度がかなり変化し，これは地球と惑星との距離が変動するのが原因とみなされました．このような不一致は古代バビロニア人にとっては我慢のならない欠点だったはずですが，プラト

ンと同時代の人々には，ユードクソスのモデルは，宇宙が法則にしたがって運行していることを示す有望なモデルでした．彼らは，まだ法則の詳細が解明されていないだけなのだと考えたのです．

　一方，アリストテレスは，ユードクソスの同心球宇宙は数学者の頭の中だけにあるモデルで，現実の天体がどう運動するかを物理的に説明していないと感じました．そこで彼は，宇宙全体が一つの体系を形づくる"入れ子"状の同心球宇宙を考え出し，しかもそれは数学的モデルではなく，現実に宇宙はそのような構造をしていると主張しました．ユードクソスのモデルでは，各々の惑星に別々に付随していた日周運動の球を止めて，同心球の体系全体のいちばん外側に，恒星を担って1日に1周する天球を配置しました（図5）．これによって，すべての惑星を日周運動させることが可能になりました．しかし，各同心球はそれぞれが回転軸でつながっているため，外側の惑星の球の回転は内側の惑星にも伝わってしまいます．そのため，これを打ち消す目的で逆向きに回転する同心球も付加されました．

　こうしてでき上がったアリステレスの宇宙は，地上界と天上界に分かれていました．地球が中心で月より下の地上界では，生と死とが起こるのに対して，月より上の天上界では恒星と惑星をになった天球の回転運動が永遠に続くのです．アリストテレスの宇宙は，ギリシアとイスラム世界，および西欧ラテン世界を通して2000年近くも支配的な影響力をもちました．

　しかしながら，天文学者たちは，アリストテレスの宇宙は

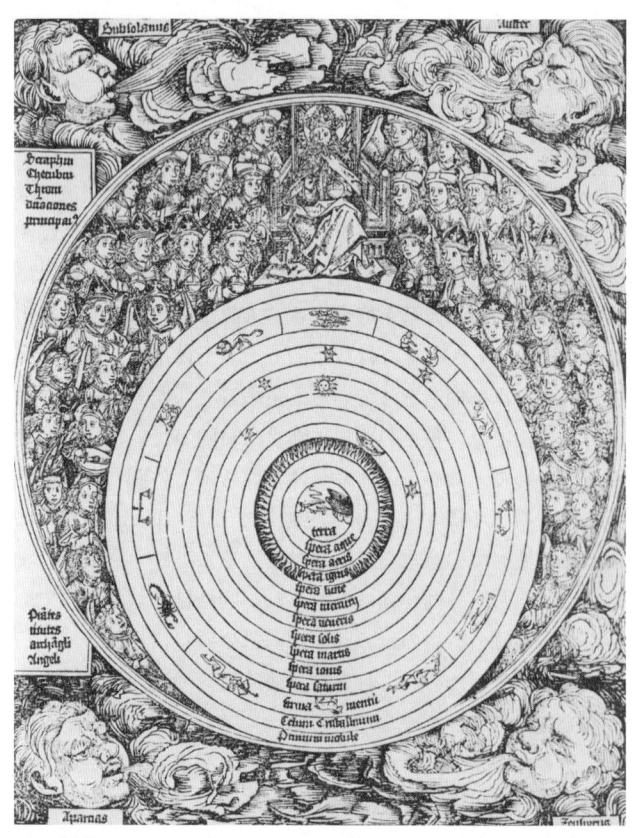

図5 キリスト教的に解釈されたアリストテレスの宇宙．1493年の『ニュルンベルク年代記』による．地球の中心から，土，水，空気，火の四元素が層をなす．天には下から，月，水星，金星，太陽，火星，木星，土星の順で惑星天球が並ぶ．その外側は恒星天球，水晶天と続き，いちばん外側は天球の全体を動かす"初動天使"である．さらに外側には，9列の天使たちを従えた神が玉座に座っている．

観念的で，観測とも十分には合わないという欠点にじきに気づきました．この頃，アリストテレスの教え子であった若きアレキサンダー大王は，当時知られた世界のほとんどを征服する大帝国を築き上げました．そのおかげで，バビロニアの天文学がギリシア人にも知られるようになり，ギリシアの数理的な天文学とバビロニア人の天文学が融合した天文学が誕生したのでした．すなわち，ギリシア天文学者が最も重要とみなした，一様な速度で回転する円運動という概念は保ちながら，しかも天文観測にもよく合致する，より柔軟な宇宙モデルをギリシア人は追求しはじめたのです．

　紀元前200年頃，ペルガ（現在のトルコの西南沿岸の町）のアポロニウスは，二つの優れたアイデアを考案しました．その一つは，天体は円の上を一様な速度で動きますが，地球は円の中心から少しはずれた場所に位置するという考え方です（離心円モデル，図6）．離心円モデルでは，惑星が地球

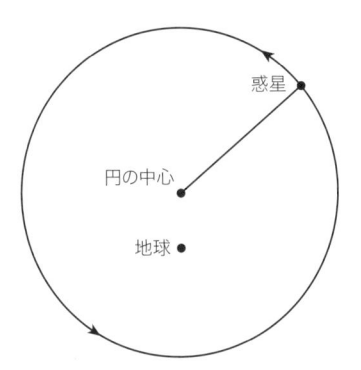

図6 離心円モデル．惑星は円の中心の周りを等速度で回転する．ただし，地球は円の中心から少しはずれた点に位置する．

第2章　古代の天文学

に近いときは速く動き,反対側の遠い点ではゆっくり動くように見えます.もう一つのモデルでは,惑星は周転円とよぶ小さい円の上を一様速度で回り,地球に中心がある大きな導円の上を,この周転円の中心が一様に回転します(周転円・導円モデル,図7).

例えば金星は太陽の周囲を回り,太陽は地球を中心に回転するというのも,この周転円・導円モデルの考え方です.このモデルは,周転円と導円の半径やそれらの上を天体が回る周期を少しずつ調節して,実際に観測される惑星の動きに近づけられる非常に有望なアイデアでした——しかしこれはあくまでも近似で,真の惑星の運動が楕円運動であることが発

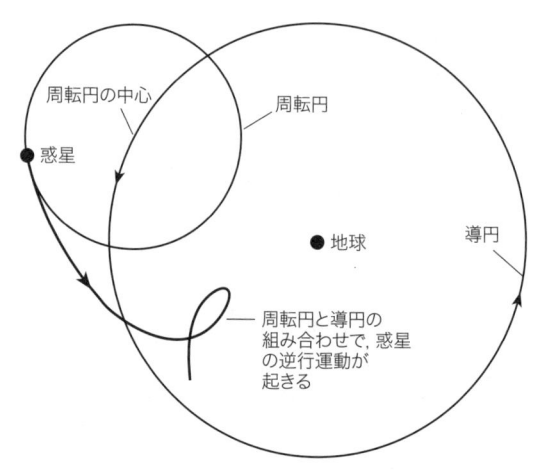

図7 周転円と導円モデル.小さいほうの円である周転円上に惑星はあって,一様速度で回転する.周転円の中心は大きな円,導円の上を一様な速度で回転する.周転円と道円の上を移動する速度を適切に選ぶと,太い曲線で示したような,惑星の見かけの逆行運動を表現することができる.

見されるのはケプラーの時代まで待たねばなりませんでした．

ヒッパルコス

アポロニウスの理論をはじめて採用したのはヒッパルコスです．彼は紀元前141年から127年まで，ロードス島で熱心に天文観測を行いました．ヒッパルコスの著作は一つを除いてすべて失われました．しかし，後のトレミーが彼の著作『アルマゲスト』の中でヒッパルコスの業績についてまとめていますので，私たちはそれを知ることができます．ヒッパルコスは，昔のバビロニア人が何世紀にもわたって行った天文観測の記録を，ギリシアの惑星運動理論に組み込んだ最初の人でした．ヒッパルコスは，紀元前8世紀以来バビロンで観測された月食記録のリストを編纂しましたが，このリストはヒッパルコスが太陽と月の運動理論を研究するのに非常に重要な役割をしました．そのわけは，月食は太陽と月が地球を挟んで一直線に並ぶ，つまり，太陽と月が正反対の方向に来たときに起こるからです．ヒッパルコスはまた，数字を表記するのにバビロニアで使用されていた60進法を採用し，黄道やほかの円の全円周を360度に分割しました．彼は離心円モデルだけで，太陽の運動をうまく表すことができ，トレミーはヒッパルコスの理論をほとんどそのまま踏襲しました．しかし，月の運動を観測に合わせることにはヒッパルコスは成功せず，また惑星の運動理論は後世の天文学者にゆだねられたのでした．

ヒッパルコスの最も重要な業績は歳差の発見です．歳差と

は，太陽の通り道である黄道と天の赤道の交点（春分点と秋分点）が星々の間をゆっくり回転する現象です．天文学では星の位置は春分点から測りますから，歳差のために星々の座標は測定する日時によって異なります．

ヒッパルコスは，星のカタログ（星表）も編纂しましたが，いまでは失われて存在しません．古代ギリシアの星表で唯一残っているのは，『アルマゲスト』に収録されていた星表です．『アルマゲスト』の星表に記された星々の位置はトレミー自身が観測したものか，それともヒッパルコスの観測データに歳差による座標の変化だけを加えてトレミーの時代の観測のように見せかけたものか，天文学史研究者の間では長い論争が続いてきました．

トレミーと『アルマゲスト』

ヒッパルコスの死からトレミーに至る3世紀間は，天文学にとって暗黒時代でした．トレミーはこの時代を軽蔑していたらしく，ほとんど何も書き残していません．この時代の天文学は，後世にサンスクリット語で書かれた文献から復元できるだけです．というのは，インド人の天文学は保守的で，当時のギリシアから教わった天文学をそのまま記録していたからです．しかし，『アルマゲスト』に関しては，もっと信頼できる情報が残っています．トレミーの生涯については不明な点が多いのですが，西暦127年から141年の間に，偉大な学問都市アレキサンドリアで彼が天文観測を行ったことが知られています．ですから，トレミーが2世紀初頭よりずっと後に生まれた可能性は考えられません．有名な大図書館が

あったアレキサンドリア市で彼は成人してからの人生を過ごしたはずです．ヒッパルコスと同様にトレミーも，ギリシア本土からは遠く離れた地で活躍したギリシア人天文学者でした．そのため，地理的に近いバビロニアの貴重な天文観測記録を利用できる立場にあったのです．

『アルマゲスト』は権威ある著作でした．その運動モデルと天体の運動表を使えば，太陽，月と5惑星の天球上の運動はいくらでも将来に向かって計算できました．アリストテレスから約500年後，ギリシア文明の終わり頃に書かれたこの書物は，惑星の運動に関するギリシアとバビロニアの知見を集大成した著作だったのです．また，『アルマゲスト』の星表は，48個の星座に分類された，全体で1000個以上の恒星を含んでいて，各々の星の天球上の緯度・経度と見かけの明るさも記されていました．『アルマゲスト』以前の天文学者の業績，とくにヒッパルコスの著作はトレミーの時代にはすでに失われていましたから，『アルマゲスト』はその後1400年もの間「偉大な書」として取り扱われることになったのです．

エカント

すでに述べたように，アリストテレスの宇宙は地球を中心とする同心の天球からなっており，その上を各々の天体は一様な速度で円運動をするというもので，当時の哲学者はこのモデルに満足していました．しかし，アポロニウスとヒッパルコスは，離心円運動と周転円・導円運動という新しい考えを提案しました．これはアリストテレスによる同心球宇宙の

伝統に反していましたが，惑星が円の上を一様な速度で動くことは昔と変わっていません．ところが，トレミーは，惑星の運動をより正確に表すためには，もっと奇妙で大胆なアイデアが必要だと主張しました．それがエカントとよばれた点です．

このエカント点は，離心円モデルで，円の中心を挟んでちょうど地球と反対側に位置する点のことです（図8）．この点から円周上を運動する惑星を見ると，惑星は一様な速さで動いているように見える点であるとされました．とすると，エカント点は円の中心ではないため，惑星は円周上をもはや一様な速度ではなく，場所によって速度が変わる不等速円運動をすることになります．トレミーはじつは占星術の学者でもあったので，占星術のために精密な惑星の位置を計算する

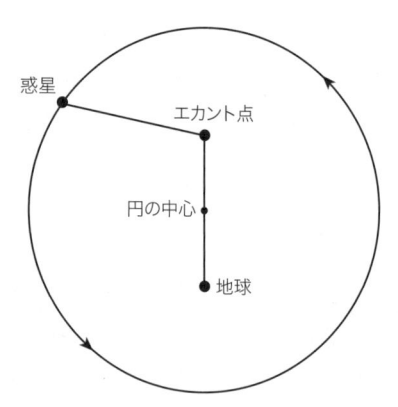

図8 エカント点．エカント点は，円の中心を挟んで地球の反対側，鏡面対称の点である．この点から見ると，惑星は円周上をほぼ一様な速度で移動しているように見える．このことは，惑星はもはや円周上を等速運動しているのではないことを意味する．

必要がありました（彼が書いた『テトラビブロス（四つの書）』という著作は，占星術の本です）．そのために，円周上の等速な運動というギリシアの伝統的な宇宙観にしたがうよりも，惑星の位置をより正確に表現できること，つまり「現象を救う」ほうが重要と考えたのでした．言い換えれば，トレミーはバビロニア人と同じように，宇宙の真の姿よりも，天体運動の精密な計算のほうに価値があると判断したのです．

ケプラーの法則とエカントとの関係

　事実，ケプラーが後世に発見した楕円運動を使うと，トレミーのエカント点がなぜうまくはたらいたのかを説明できます．ケプラーの楕円運動に関する二つの法則によれば，例えば地球は，太陽の周囲を楕円軌道で回転し，二つある楕円の焦点の一つを太陽が占めます．また，地球と太陽とを結ぶ線が単位時間に掃く面積はつねに一定です（図9）．その結果，地球が太陽に近いときにはより速く運動し，反対に遠い場合はゆっくり動きます．ところが，この運動をもう一つの焦点である虚焦点（反焦点ともいう）から眺めると，ほぼ一様な速さで動いているように見えるのです．なぜなら，地球が太陽に近いときは速く動きますが，虚焦点からは距離が遠いのでゆっくり動くように見えるからです．地球が太陽から遠い場合にも同様な考え方をすればよく，結局二つの効果がいつも打ち消し合って，虚焦点からは，地球はほぼ一定な速度で運動するように見えるのです．つまり，ケプラーの楕円運動理論によって，トレミーのエカント点は楕円軌道の虚焦点に

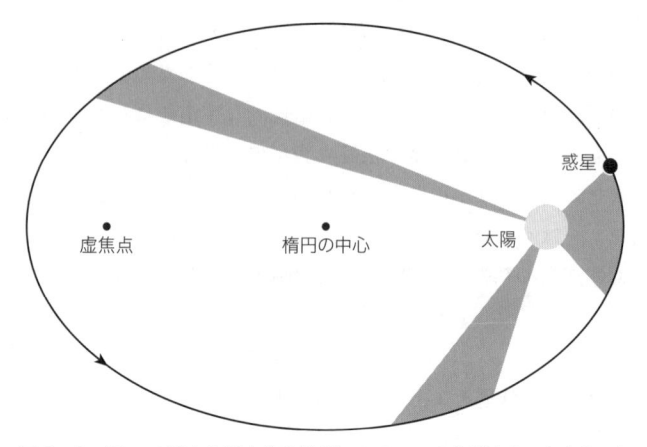

図9 ケプラーの第1法則と第2法則．この二つの法則から，トレミーによるエカント点がなぜ惑星の運動をよく表せたかを理解できる．第2法則によって，一定期間内（例えば1ヵ月）に図で影をつけた扇形の面積がつねに等しくなるように惑星は運動する．つまり，太陽に近い時は楕円軌道（第1法則）の上を速く動き，遠い時はゆっくり動く．この運動を虚焦点から見ると，楕円運動の特性のために，楕円上をほぼ等速で移動するように見えるのである．つまり，エカント点はケプラー運動の虚焦点に相当していたのだった．図では，惑星軌道の楕円の度合いはかなり誇張して描かれている．

対応していた，非常に優れたアイデアだったことが証明されたのでした．

　ヨーロッパ中世の大学では，哲学としてはアリストテレスの教えが，天文学はトレミーの説が教授されました．学生たちはアリストテレスにしたがって，地球は天の中心にあり，惑星は一様な速度で回転することを学びました．一方，天文学では，地球は宇宙の中心ではなく，離心円と周転円・導円が教えられました．さらに，もっと深くトレミーの天文学を

勉強した学生は,エカントの理論に出くわすことになったのです——これは一様な円運動というギリシア天文学の伝統にまったく反したものでした.こうした矛盾に最もショックを受けた一人がコペルニクスでした.しかしながら,『アルマゲスト』の理論で使われた惑星に関するいろいろな数値は長年かけて改良されてきた値だったので,天文学者と占星術家は『アルマゲスト』を使えば将来の惑星の位置を楽に,しかも比較的正確に計算できたのです.とはいっても,いくつか不都合な点もありました.例えば,トレミー理論では,見かけの月の大きさは,大きいときと小さいときとで2倍も変化するはずですが,現実にはそんなことは起こりません.また,水星と金星の場合,つねに太陽の近くに見えるようにするために,かなり恣意的な仕掛けをしていました.しかし,惑星の運動表をつくり出すために天文学者が利用した種本としては,『アルマゲスト』は十分に役立っていたのでした.

惑星仮説

『アルマゲスト』から後にトレミーによって書かれた『惑星仮説』の中で,彼は宇宙全体の配置について述べています.初期のギリシア天文学者と同じように,彼は,惑星が星々の間を1周する周期が長ければ長いほど,その惑星が恒星に近いとみなしました.なぜなら惑星の動きと恒星の示す日周運動との差が小さいからです.この考えにしたがうと,周期が30年の土星が星々に最も近い,すなわち土星の天の高さが最も高い(地球からいちばん遠い)ことになります.次いで遠いのが周期12年の木星,それから周期2年の火星

です．月は周期1ヵ月で地球にいちばん近い存在です．では，太陽，水星，金星の場合はどうでしょう．水星と金星は，恒星の間を1年で1周する太陽の付近にいつもくっついて回っているのです．周期が1年である太陽は，古代ギリシアでは伝統的に火星の次に地球に近い，つまり外側から4番目とされました．しかし，水星と金星の順序については長い間論争の的でした．トレミーはといえば，ほとんどコイン投げのような判断で，水星のほうが金星より地球に近いと決めたのでした．

　惑星の順序が決まると，次にトレミーは，地球から恒星までの間の天の高さは，必ずどれか唯一の惑星が占めると仮定しました（図10）．すると，月が占める最大の天の高さは，2番目の惑星である水星が占める最小の天の高さに等しいことになります．トレミーは，月が占める最大の天の高さを地球半径の64倍と計算しました．また，水星の周転円と導円の半径の比はトレミーの理論から求まるので（図7を参照），結局，水星が最大と最小になる天の高さの比も計算することができます．ほかの惑星もこのようにして，トレミーは月・太陽と5惑星の天の高さをすべて，地球半径の大きさを単位にして表すことができました．恒星天の高さは土星のすぐ外ですから，その距離は1万9865地球半径，約1億2000万キロメートル——壮大な大きさですね．

　ヒッパルコスがはじめて，バビロニアの伝統である代数的な計算方法と，何世紀にも及ぶ惑星の観測データを利用して，精密な惑星の運動モデルをつくり上げる研究をスタート

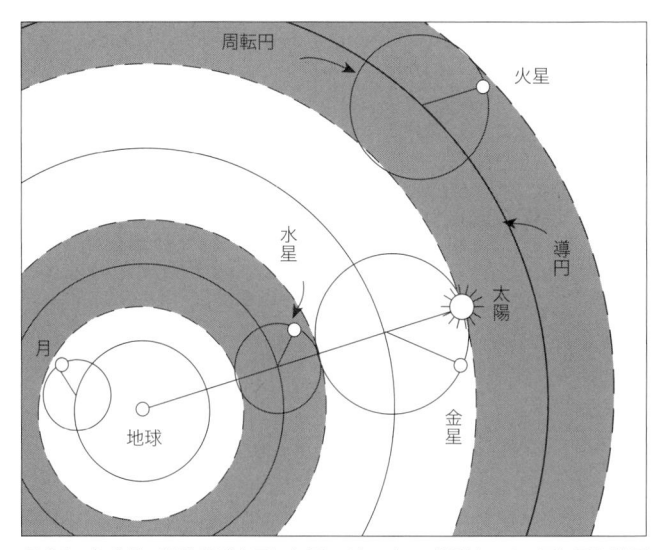

図10 各惑星の運動領域を示した図.それぞれの惑星は,その周転円と導円の大きさで決まる領域(点線で囲まれたリング状の部分)を支配する(トレミーによる『惑星仮説』に基づく).

させ,その後これがギリシアの数理天文学の中心テーマになりました.そのねらいは,一様な円運動という宇宙の幾何学的な基本原理に基づいて,すべての惑星の運動を正確に再現することでした.トレミーは,一部はエカントなどという妥協を採用しましたが,『アルマゲスト』によってほぼその目的を達成しました.この『アルマゲスト』の惑星理論は,時代を追って改良されていきます.しかし,トレミーの約1400年後,活版印刷術の発明にも助けられ,一人の天文学者がトレミーの宇宙モデルの根本的な弱点を指摘して,まっ

たく新しい宇宙像を主張することになります．

(＊訳注1）英国のエジプト考古学者K・スペンスは，約10個のピラミッドの方位測定値が，時代とともに少しずつ系統的にずれている事実に注目し，おおぐま座のミザールとこぐま座のコカブを結ぶ線が地平線に直角になったときを基準に，古代エジプト人は真北の方角を定めたと結論した．

第3章

中世の天文学

イスラム帝国の建設

　預言者ムハンマドが迫害を逃れてメッカからメディアに移住したのが西暦622年，その後，このムハンマドが創始したイスラム教は，勢力を北アフリカからスペインにまで拡大しました．イスラム教は，次に述べるような特別な技能をもった天文学者を必要としました．イスラム教では，月の初めは月，地球，太陽が一直線に並んだ新月の日ではなく，細い三日月が肉眼でかろうじて見える2日目か3日目と決められています．このイスラムの新月が天文学的に計算できれば，曇って月が観測できなかった近隣の町々も同じ新月の日を知ることができます．イスラム教の祈りは，天空上の太陽の位置にしたがって行われます．この祈りの時間を正確に決めたいという要求が，ムワキット（モスクの時間管理者）という制度を生み出しました．また，ある場所からみたメッカの方向（キブラという）を正しく決めることも非常に大事で，モス

クや墓所などの向きは必ずキブラに合わせて建設されました．ですから，ムワキットや天文学者にとって，先に述べた問題を解決することが重要課題だったのです．

このイスラム勢力が侵入して来るかなり以前，学問の都市であるアレキサンドリアはすでに困難な時代に直面していました．『アルマゲスト』の書は，コンスタンティノープルに持ち出されました．9世紀になって，バグダッドからの使者が訪れ『アルマゲスト』の写本を購入しました．バグダッドでは，歴史が浅い活発なイスラム文化が，まだ残存していたギリシア語の知的文化遺産を掘り起こしつつありました．「知恵の館」とよばれた組織の人々は，貴重なギリシア語文献をシリア語に，次いでシリア語からアラビア語に翻訳しました．しかし，それ以外のコンスタンティノープルにあったギリシア語史料はほこりをかぶったまま放置され，12世紀になってはじめて東ローマ帝国皇帝がシチリア王国の王に贈物として進呈しました．その結果，それらはラテン語に翻訳されるようになったのです．

イスラム教の聖典コーランは占星術を認めていませんでしたが，イスラム世界では身分の上下を問わず，占星術は非常に人気がありました．占星術者は単なる運命の予言者に留まらず，惑星の天空上の位置によって占いを行いました．このために『アルマゲスト』が有用だったことはいうまでもありません．『アルマゲスト』の中でトレミーは，観測に基づいて惑星表をより精密に改訂する方法も説明していましたから，イスラムの天文学者は，はじめはまず普通の大きさの観

測器具をつくりました．しかし，観測熱が高じるにつれて，もっと巨大な観測装置と天文台を建設してくれるよう，彼らは庇護者であるイスラムの支配者に懇願しました．

イスラムの天文台

　しかし，このことは，ときにはイスラム教聖職者の敵意をあおる結果にもなりました．庇護者が死去したり気が変わったりすると，天文台はおしまいになりました．例えば，カイロでは，あるイスラム高官の命令で1120年に天文台の建設がはじまりましたが，この高官の後継者は悪魔と通信したという罪でカリフ[*2]によって殺されたため，天文台も1125年には破却されました．イスタンブールでも，天文学者タキ・アル=ディンのために，スルタン[*2]であるムラッド3世が1577年に天文台をつくってやりました．ちょうどこの年，明るい彗星が現れました．タキ・アル=ディンはこの出現を，スルタンがペルシア人との戦争に勝利するよい兆しであると解釈し，自分の身の安泰も信じていました．ところが事態は思わぬ方向に進み，1580年にイスラム指導者たちは，天文台は自然の秘密を暴き出すものであるから不幸を招く，とスルタンに吹き込みました．そのため，この天文台は徹底的に破壊されてしまったのです．

　イスラムの天文台でかなりの期間にわたって存続したのは2ヵ所だけです．マラガ（現在の北イランのマラゲー）では，ペルシア人の著名な天文学者ナシル・アル=ディン・アル=トゥシ（1201〜74）のために，モンゴル人の支配者，フラグが1259年から天文台の建設をはじめました．この天文

台には，半径 3.5 メートルの壁面四分儀（南北方向に沿った壁の面に固定された天体の高度角を測る装置）と，半径 1.3 メートルの渾天儀（天体の位置を測定する器具）がそなえられました．天文学者たちはこれらの観測装置を使って，1271 年に「ジジュ」を完成します．「ジジュ」とは，種々の天文データをまとめた天文表とその使い方を記したイスラム固有の書物で，これはトレミーがつくった『天文便利表』を手本にしたものです．しかし，1274 年になると，アル＝トゥシはマラガからバグダッドに移りますので，マラガの天文台は 14 世紀まで存続しましたが，アル＝トゥシ以後はたいした活動は見られません．

ウルグ・ベクの天文台

もう一つの主要なイスラムの天文台では，建設者自身が熱烈な天文学者でした．それはウルグ・ベク（1394 ～ 1449）で，中央アジアの古都サマルカンドを治めた総督の息子です．彼は 1420 年に 3 階建ての巨大な天文台を建設したのです．この天文台の中心的観測装置は，半径が 33 メートルにも及ぶ巨大な六分儀でした．建物の外に，南北方向に沿った大理石の 2 枚の平行な壁の間に据えられており，太陽と月，5 惑星の子午線通過を観測できるように設計されました．このサマルカンド天文台の最大の天文学的業績は，1000 個以上の星を含む恒星表を観測からつくったことです．ずっと以前に，バグダッドの天文学者アブド・アル＝ラーマン・アル＝スフィ（903 ～ 986）が，トレミーの恒星表を改良することを企て，星の等級を改訂し，星名をアラブの星として同定す

ることは行っていたのですが,恒星の精密な位置観測は手つかずでした.ウルグ・ベクらは,この残された仕事をサマルカンド天文台で実施したわけです.ウルグ・ベク星表は,中世につくられたただ一つの恒星表として重要な存在です.1447 年には彼はティムール王朝の君主に就任しましたが,2 年後,反乱軍によって殺されました.それとともに,サマルカンドの天文台も活動を停止します.

アストロラーベ

　天文台はエリート天文学者のためのものでしたが,天文観測は普通の人にとっても必要でした.それを可能にしたのがアストロラーベの発達です――アストロラーベは優れた小型の計算機であると同時に,古代ギリシアに起源をもつ天文観測器具でした.典型的なアストロラーベは真鍮製の円盤で,円盤の上端をリングで吊して使います.円盤の片面は星や惑星の高度角測定用です.リングで吊るして,視準桿(アリダード)で天体に狙いを定め,円盤の周囲に刻まれた目盛で高度角を読み取りました(図 11).裏側の円盤には,天の南極から天の赤道面に天球を投影した図が描かれています.

　この投影法では,天の南極から出る各線は天球とある 1 点で交わりますが,この線は赤道の面とも必ず 1 点で交差します.つまりこの交点が,天球上の点を平面に投影した点になるのです(ステレオ投影法,図 12).このやり方では,円盤の中心は天の北極です.アストロラーベの真鍮円盤は大きさが限られているうえ,南回帰線より南の空は実際に使われることはないため,円盤に投影された天球は,天の北極から南

第 3 章　中世の天文学

図11 アストロラーベ．14世紀に製作されたもの．オックスフォード大学，マートンカレッジ所蔵．枝わかれしたトゲの先端が主要な恒星の位置を示す．

回帰線までの範囲の空でした．

　地球上のある緯度の地点から見た空の等高度線もステレオ投影法では円になりますが，いろいろな高度に相当するこれら一群の円も，ほかの情報とともにアストロラーベのこの面に刻まれました（図12）．次の問題は，時間とともに回転する天球上の星々をどのようにして円盤上に表現するかです．このために，星の位置を示したもう1枚の別の真鍮円盤を，

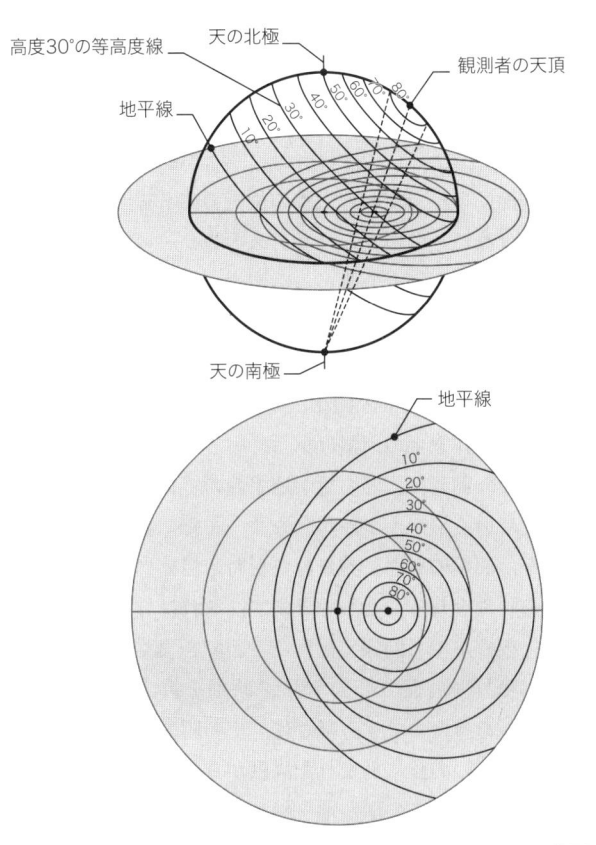

図12 アストロラーベで用いられたステレオ投影法の原理．ステレオ投影法では，北半球から見える天球上の点と天の南極とを結ぶ線が平面（灰色の面）と交わった点を投影点とする（上図）．すると，例えば地平線（高度0度）は，平面のアストロラーベ上では，下図に示すような曲線（円の一部）に投影される．上図のほかの等高度線も同様に円として投影される（M・ホスキンによる "The Cambridge Illustrated History of Astronomy" の図を簡略化）．

下の円盤と中心（天の北極）を合わせて重ね，回転できるようにしました．下の円盤の図と目盛がよく見えるように，上の円盤に刻まれた恒星は，明るい主要な星だけを示すようにしました．また，上の円盤には，太陽の通り道である黄道と，季節によって変わる太陽の位置の印も描かれました．

このようにしてつくられたアストロラーベを使うと，太陽や星の高度観測からいろいろな情報を読み取ることができます．まず，測定した星の高度に相当する等高度の円を下の円盤から探し，上の円盤を適当に回転させて，そこに刻まれたこの星の印をこの等高度円に重ねます．すると，いま見えている空の全体を下の円盤は示していることになります．このことから，例えば，どの星が地平線の上に出ていて，それらの高度はいくつか，がわかります．また，観測された太陽の位置を，円盤の周囲に刻まれた日時の目盛に合わせると，その時の時刻を知ることができます．これは昼間の太陽だけでなく，夜の星でも同様に行うことができますので，アストロラーベは昼でも夜でも24時間，時刻を教えてくれる便利な時計でもあったのです．ほかに，上の円盤を回して，特定の星の印を下の円盤に刻まれた高度が0度の等高度円に重ねることによって，この星が地平線から昇ってくる時刻を求めることもできました．これらから，アストロラーベは非常に優れた万能の小型天文計算器だったことが理解できます．

トレミー宇宙への批判

バグダッドの「知恵の館」では，「ジジュ」はすでに9世紀の前半からアル・フワリズミによって製作されていまし

た．現代の「アルゴリズム」という言葉は，アル・フワリズミの名からきています．この「ジジュ」では，種々の数値と計算方法はサンスクリット語の天文書から取られていて，このサンスクリットによる天文知識は770年頃にインドにもたらされたものでした．「ジジュ」の後世の版は12世紀にラテン語に翻訳され，これによってインド天文学の計算法がはじめて西欧に伝えられました．「ジジュ」は惑星の位置を将来にわたって計算で予測できるため，天文学者と占星術者からの需要がありました．また，「ジジュ」の天文表における数値は，多くの場合，長い年月をかけてトレミーの値を改良したものに進化していたのです．

西欧キリスト教社会では，中世の時代に大学が誕生しましたが，イスラム社会では大学に相当する組織は生まれず，アリストテレスとトレミーの宇宙観に対して根本的な改革を迫るような思想家も出ませんでした．ですが，トレミーの理論に対する"疑義"（シュククとよばれた）は，10世紀を通じてしばしば議論されました．そのいちばんの攻撃対象は，トレミーが提唱したエカントです．エカントは，一様な円運動というギリシア天文学の原則を大きく破っていたからです．周転円と導円も，地球が宇宙の中心ではないという理由で批判されました．批判の急先鋒は，アンダルシアの哲学者，ムハンマド・イブン・ルシッド（1126～98，ラテン名はアヴェロエス）です．西欧世界ではアリストテレスは"哲学者"とよばれたのに対して，アヴェロエスは"論評者"として知られました．アヴェロエスは，トレミーの理論は見かけの惑

星運動を説明しただけ，つまり"現象を救った"にすぎず，真の宇宙の姿ではないと考えました．アヴェロエスと同郷で同じ時代を生きたアブ・イシャク・アル=ビトルージは，一様な円運動という原則を破らない新たな宇宙モデルをつくろうと努力しましたが，当然ながら満足のいく結果は得られませんでした．

エジプトのカイロにいたイブン・アル=ハイサム（965～1040頃，ラテン名はアルハゼン）は，トレミーの宇宙モデルを現実の宇宙の構造としてとらえようと試みました．彼の著作『世界の構成について』の中で，二つの同心球に挟まれた球殻の中で天体が運動する宇宙について述べています．この本は13世紀にラテン語に翻訳され，15世紀のヨーロッパ天文学者ジョージ・プルバッハに大きな影響を与えることになります．

最も現実的な天文学者や占星術者でさえも，長い間エカントには疑問を抱いてきました．13世紀のマラガの天文学者アル=トゥシは，2つの小さな周転円を重ね合わせて用いることを考案しました．じつは後世のコペルニクスもある時期，同じアイデアについて検討していますが，アル=トゥシとはっきりした関係があるのかどうかは不明です．異論のある要素をすっかり取り除いた惑星モデルを提案したのがイブン・アル=シャティルです．彼は14世紀の中頃，ダマスカスのウマイヤド・モスクでムワキット（モスクの時間管理者）をしていました．彼がつくった月運動のモデルは，トレミーの場合のように月の見かけの大きさが大きく変動することはありませんでした．また，新しい観測に基づいてエカントも

離心円も使わない太陽の運動モデルを発表しましたが,周転円だけは使わざるを得ませんでした.しかし,アル=シャティルの時代になると,西欧ラテン世界は独自の天文学を発展させる段階に達し,もはやアラビア語文献の翻訳に頼ることはなくなっていました.

中世ラテン天文学の芽生え

とはいえ,このアラビア天文学からの独立は,短期間で達成されたものではありません.ローマ時代になっても,ギリシア語は学問研究のための言語として使われ,主要な古代天文学の著作でラテン語に翻訳されたものは存在しませんでした.次いでローマ帝国が崩壊すると,ギリシア語の知識は西欧世界からほとんど消え失せ,古代天文学の古典はあっても読むことができなくなりました.

この頃,東ゴート王国の高官アンキウス・M・S・ボエティウス(480頃〜524/525)は,プラトンとアリストテレスの著作をできるだけ多くラテン語に翻訳する企てをはじめました.やがて,以前の執政官の反逆に加担したという容疑で投獄され,ボエティウスは処刑されます.しかし,彼の死の前までにかろうじて,おもにギリシア語で書かれた論理学の本と,ローマの文人キケロによる論理学の著書など,かなりの数の著作をラテン語に翻訳しました.かくして,ボエティウスは,後に一つの主要な学問分野に成長する論理学に,大部な資料集成を遺産として伝えることになったのです.これらの資料を比較・対照しながら,中世の学徒らは自らの結論を引き出しました.その結果,論理的な整合性は中世の大学

では最も重要なことと見なされるようになり，周転円の有効性や，惑星運動では確実なモデルがはたして原理的につくれるのか，などが論争されました．

　同じ頃，プラトンの著作の一つがラテン語に翻訳されました．宇宙創造に関する神話『ティマイオス』です．その3分の2は，4～5世紀頃にカルキディウスが訳していて，長たらしい注釈を付けました．中世の初期に天文学に関してラテン語で書かれた書物で出来のよい作品はありませんが，地球が丸いという基本概念は必ず述べられています．5世紀初頭に生きたアフリカ出身のアンブロシウス・T・マクロビウスは，キケロの著書『スキピオの夢』についての注釈書を書きました．その中で彼は，天球の中心に位置する球体の大地が東から西へ1日に1回転する宇宙に関して詳しく説明しました．地球は惑星の天球を一緒に引きずりながら回りますが，惑星自身も逆向きに回転するのです．

　マクロビウスは，惑星が並ぶ順序についてははっきり述べていません．カルタゴのマルティアヌス・カペラ（365頃～440）は『言語学とマーキュリーの結婚』[*3]を著わしました．その中で注目すべきは，寓話の形ですが，水星と金星がいつも太陽のそばを離れないのは，この二つの惑星は太陽の周囲を回っているためだと説いている点です．

イースターの日取り

　イスラム教と同じくキリスト教も，天文学者に挑戦すべき宿題を課しました．とくに，キリストの復活を祝うイースタ

ー大祭の日付を前もって計算することが重大問題でした．イースターの日とは，春分の日の後に来る，最初の満月の次の日曜日です．この日付は，太陽と月の運行が関係するため，年によって異なります．アレキサンドリアのキリスト教徒なら，バビロニアの昔の天文観測データを利用して，数年先のイースターの日付を計算できたかもしれません．しかし，ローマのキリスト教会首脳部は，より実用的な方法を考案しました．太陽と月の周期の関係とうるう年を置く規則を用いて，同じ曜日でイースターが巡ってくる周期をまず決め，その周期の中での毎年のイースターの日付を計算しました．これを利用すれば，遠い将来にわたってイースターの日付がわかるわけです．

このイースターの周期は，ギリシアの天文学者メトンの名で知られていますが，じつはバビロニアの天文学者がすでに紀元前5世紀に発見していた法則，235朔望月＝19太陽年と関係があります．一方，ユリウス・カエサルが導入した太陽暦ユリウス暦では，4年に1度うるう年を入れます．そのため，ある与えられた曜日の日付は4年ごとに5日ずつ先に進みます．つまり，$7 \times 4 = 28$年で，同じ曜日に戻るのです．これと，月の満ち欠けの周期，19年を組み合わせた，$28 \times 19 = 523$年ごとにイースターの日取りはくり返すわけです．英国国教会のベーデ師（672/3〜735）は，『時の分割について』を725年に執筆しましたが，この著書の中で彼はこの523年の周期についてはっきりと述べていました．

西暦1000年の終わり頃，西欧ラテン世界では天文学と占星術がはやりました．イスラムが占領していたスペインを通

じて，アストロラーベがヨーロッパに伝えられた時代です．この頃の占星術は，"個々の生命は宇宙からの影響を受ける"という，アリストテレス以来の考え方に支配されていました．そのため，中世の大学で学ぶ医学生は，惑星の動きを計算する方法を教わり，それにしたがって患者の治療を行ったのでした．

1085年にキリスト教徒は，スペインの主要都市トレドをイスラムの勢力から奪還し，イスラムとギリシアの文化遺産を利用できるようになりました．この学問都市には，アラビア語の書物をラテン語に翻訳する学者が集まりましたが，クレモナ（北イタリア）のジェラルド（1114頃〜87）は数多くの翻訳書を残したことで知られています．その中に，『アルマゲスト』と「トレド表」も含まれていました．「トレド表」はアル=ザーカリ（1100年死去）がつくった天文表で，非常に役立つことがわかったためヨーロッパ各所で利用されました．しかし，この表がどのような惑星の運動理論に基づいたのかは，当時のヨーロッパ人にとって大きな謎でした．

ヨーロッパの大学と天文学

12世紀がアラビア語翻訳の時代だとすれば，13世紀はその同化・吸収の時代といえるでしょう．その頃の大学では，ラテン語は国際共通語でしたから，教師と学生はヨーロッパのどこの国に行こうと語学の障害はなかったのです．法律家になりたければボローニャへ，医学の学生はパドヴァへ行きましたが，多くの学問の中心地はパリでした．

ほかの大学と同じくパリ大学の学芸学部では，読み書き・

算術の基礎を"自由七科"と称する科目を通じて教育しましたが，それに天文学も含まれていました．この学部の学生のほとんどは10代の男子学生で，活版印刷が発明される以前でしたから，教育のレベルも初等的でした．少数の学生は，より高度な神学，医学，法律の学部で学びました．法律と医学は伝統的に名声の高い分野でしたし，神学も偉大な教父とよばれたアウグスティヌスの著作などを通じて，権威ある学問でした．そのため，これらの高等な学部の教師と学芸学部の教師との間には，ある種の緊張関係が生まれたのです．

　一方で，イスラム世界からの翻訳書の大部分は学芸学部が所有していたので，そのおもだった学者たちはこれら翻訳資料を彼らの地位を向上させるために利用しようとしました．アリストテレスの著作がもたらした思想は，神学部の学者の目にはキリスト教の教義のいくつかと対立するように見えたため，彼らは心おだやかではなかったのです．こうした葛藤がパリ大学では数十年続いた後で，ドミニコ派の修道士トマス・アクィナス（1225～74）がついに，アリストテレスの思想とキリスト教の教えとを巧みに同化させることに成功したのです．その結果，17世紀になると両者の違いを区別するのはもはや困難なほどになっていました．

　この頃の大学は研究の場ではなく，天文学では，若い学生を教育するための初等的な教科書がぜひとも求められていました．この要求に最初に答えたのが，13世紀中頃にハリウッドのジョンとよばれた，ヨハネス・ド・サクロボスコによって書かれた『天球論』です．しかし，この本は，太陽・月，惑星の運動理論を知る目的にはほとんど無力でした．と

はいえ，活版印刷術が発明されると，この本の詳しい注釈書を出版する天文学者が現れて，『天球論』は以後ベストセラーになりました．

　13世紀の後半になると，ある無名の著者が『天球論』の欠点を補った『惑星の理論』という本を書きました．この本は，明快な定義とともに，各惑星に関するトレミーの運動モデルをわかりやすく解説しました．やがて，時代遅れの「トレド表」は，カスティリア王国のアルフォンソ10世の宮廷天文官がつくった「アルフォンソ表」に置き換えられ，その後300年間，標準的な天文表になりました．最近コンピュータでこの表が解析された結果，「アルフォンソ表」は，いくつかの数値を改訂したトレミーの理論が使われていたことが判明しました．

投射体の運動学

　西欧ラテン世界が昔の文化遺産を十分に理解・受容し，新たな文明の地平を切り開くようになるのは14世紀になってからです．天文学を進展させることになる重要なテーマの一つは，地上の投射体の運動に関するものでした．アリストテレスは地球が静止していることを，自信をもって次のように説明していました．地表から垂直に放たれた矢は発射した地点にそのまま戻ってくる，これは，矢が飛んでいる間に地球が動いていない明白な証拠であると．アリストテレスの物理学では，地上の物体の"自然な運動"は地球の中心に向かう下向きの運動です．すると，上向きに放たれた矢の運動は不

自然な運動であり，何か上向きの作用が上昇中にはたらいている必要があります．アリストテレスはあまり自信はなかったのですが，矢が上向きに運動できるのは，空気が絶えず矢を下から押すからだと主張しました．しかし，風上に向かっても矢を放つことはできるのだから，アリストテレスの説明は疑わしいと考えた学者もいました．

パリ大学の教師を務めたジャン・ビュリダン（1295頃〜1358頃）とニコール・オーレム（1330頃〜82）は，力が作用するというアリストテレスの考え方はよいが，空気が押すという説には反対しました．彼らは，射手によって矢に何か霊的な運動能力が与えられるとし，それを「インペトゥス」と名づけます．ビュリダンはまた，天球の回転は摩擦がなく永遠に続くとすれば，例えば，天使たちによる霊的な作用が必要で，それは天地創造のときに授かったものだろうと議論しました．

一方，オーレムは，インペトゥスの概念について重要な意味づけを与えました．もし地球が本当に回転運動しているのなら，地表の射手も同じ運動をしているはずだ．その結果，射手が矢を射ようとすると，彼は無意識に矢にも横向きのインペトゥスを与えることになる．このインペトゥスは地球の回転の動きと同じなのだから，垂直に打上げた矢が発射された地点に戻ってくるのは当然である．つまり，矢の飛行は，地球が回転しているか，静止しているかを区別するには何ら役立たないと結論しました．オーレム自身は，地球は静止していると考えましたが，これは単なる意見にすぎなかったよ

第 3 章　中世の天文学

うです．

活版印刷術の影響

15世紀における活版印刷術の発明は，多くの方面に影響を与えましたが，数理科学の分野が最も大きな恩恵を受けました．写本をつくる書写師は人間ですから，必ず写すときに写し間違いをします．この間違いは，次の時代に写本をつくるときにもしばしば引き継がれます．ですが，文科系の書物を写す場合には，文章の意味から判断して訂正できる誤りも少なくありません．しかし，数理的に意味のある数字や数学的記号の場合は，写本をつくるときに写し間違いに気づいて直すのは，ほとんど不可能です．このことが，中世の学徒が天文学や数学の論文を研究するときに直面した深刻な問題でした――この誤った写本以外には，訂正のための材料がなかったからです．

ところが，印刷術の発明以後は事情が一変しました．本の著者や翻訳者は，いまや校正刷りを見て著者の意図する正しい活字が使用されているかだけをチェックすればよいわけです．あとは完全に同じ印刷本が，広くヨーロッパ中に配布されました．本の価格も，手で写本をつくっていた時代に比べてずっと安くなったのです．

その結果，数十年のうちにギリシア天文学の業績はヨーロッパ人によって習得され，それを越える成果も生まれました．オーストリアの宮廷占星術者だったジョージ・プルバッハ（1423～61）は，1474年に『惑星の新理論』を出版しました．その中でプルバッハは，「アルフォンソ表」はトレミ

ーの理論によってつくられたことを述べています．また，現実の宇宙もトレミーのモデルのような構造であると主張しました．このことが，のちにコペルニクスが新しい天文学に挑戦する原因になりました．

1460 年に，プルバッハと彼の若き協力者でケーニヒスベルク出身のヨハネス・ミュラー（1436〜76，ラテン名はレギオモンタヌス）は，コンスタンティノープル生まれの著名な枢機卿ヨハネス・ベサリオン（1395 頃〜1472）に面会します．ベサリオンは『アルマゲスト』の内容がもっとわかりやすく読めるようになることを熱望しており，2 人にこの仕事を引き受けるよう説得しました．プルバッハは翌年死去しましたが，レギオモンタヌスはベサリオンとの約束を果たしました．本文の長さが元の著作の約半分になった『アルマゲスト縮約版』が 1496 年にようやく出版されました．この本は現在でも，トレミーの業績を知る最も優れた入門書の一つです．『アルマゲスト』の完訳ラテン語版は 1515 年と 1528 年に出版され，次いでギリシア語の原本が 1538 年に出版されました．しかし，これらトレミーの業績を越える著作が，ついに 1543 年に姿を現したのでした．

ニコラウス・コペルニクス

ニコラウス・コペルニクス（1473〜1543）はポーランドのトルンで生まれ，クラカウ大学で学びました．この大学の教授たちは，エカントという概念への不満を隠すことはなかったのです．その後，コペルニクスはイタリアへ赴き，教会法と医学，ギリシア語などを学びながら，天文学への興味を

育んでいきました．1500年頃にはローマ大学の大聴衆に天文学の講義をしたと伝えられます．1503年にポーランドに戻ると，叔父が司教を務めていたフロンボルクの聖堂参事会員の職に就任し，残りの生涯をそこの教区で過ごしました．

中世後半の時代には，アリストテレスの大部の著作集をラテン語で読むことができましたが，プラトンのものはカルキディウスが大昔に部分訳をした『ティマイオス』以外に，対話篇からの短い2篇が利用できるのみでした．ところがルネサンス期になるとすっかり様子が変わります．ギリシア世界との接触が容易になったおかげで，コンスタンティノープルが1453年にオスマン軍によって陥落する以前に，多くのギリシア人の学者が西欧諸国に流入してきました．そのため，プラトンによる『対話篇』が再び取り上げられ，その文学的な質の高さから称賛されました．宇宙に対する数学的なプラトンの見方が，自然学者であるアリストテレスの宇宙観をしのぐまでになったのです．天文学者たちは再度，つじつまが合い統一のとれた惑星理論を探し始め，実用上は役に立っていた「アルフォンソ表」の基礎であるトレミーのモデルに失望します．コペルニクスの弟子であったゲオルク・J・レティクス（1541〜74）の言葉によれば，とくに，エカントは"自然が嫌悪する概念"とみなされました．

この時代には，宇宙の全体構成について述べた，トレミーの『惑星仮説』は忘れ去られていました．『アルマゲスト』は個々の惑星の運動モデルは詳しく論じていましたが，惑星相互の配置については何も述べていなかったのです．そのため，コペルニクスは次のように書いています．

> 古代の天文学者［トレミーを指す］は，いちばん肝心な点，つまり，宇宙全体の構造と惑星の真の調和について発見することができなかった．それはあたかも，別々の場所から手，足，頭，腕を持ってきて作った人のようだ．それぞれの部分はうまくはたらくが，一人の身体としては調和がまったく取れていない，怪物のような存在である．

　月の見かけのサイズがあり得ないほど変化するという特別な問題を別にすれば，トレミーの惑星モデルを改革せよという圧力は，おもに審美的な考察から生まれたものでした．なにしろ，モデルの天文定数を改良すれば，トレミーの惑星モデルはそれまでも，実用的な要求には答えることができていたのですから．

　改革の方向を示す手がかりはすでにありました．反駁するために，アリストテレスが引用したギリシア天文学者の説から，コペルニクスの時代の学者は誰しも，"地球は動く"という説を唱えた古代の天文学者がいたことを知っていました——アリストテレスの宇宙は基礎が揺らぎ出したのです．プルバッハは，理由はわからないものの，1年という周期がトレミーによるどの惑星のモデルにも現れることに，すでに注目していました．コペルニクスがどのように思考したにせよ，イタリアから戻ってしばらくして，彼は『コンメンタリオルス』（小概説）と題した草稿を一部の天文学者に回覧しました．その中で，現在使われている惑星運動のモデルは不満足である理由を概説し，とくにエカントを強く批判しています．そして，地球は太陽の周囲を1年の周期で回っている

という新しい考えを提案し，また，月は地球の衛星にすぎないとも述べました．

太陽中心説

コペルニクスは，太陽中心説を使うと，地球も含めた6個の惑星が並ぶ順序は，周期の点でも中心からの距離の点でも，はっきり一義的に決まることを示しました．トレミーが，天球上の動きが遅い惑星ほど天の高い(遠い)場所にいるとみなしたことは，すでに紹介しました．しかし，この考えでは，太陽，水星，金星の順序を決定することはできませんでした．なぜなら，水星と金星はいつも太陽のそばにいるので，これら三つの天体が天を巡る周期はどれも1年になってしまうからです．ところが，水星と金星の1年の周期は，じつは太陽を中心に回る地球の上から観測したためだと考えることによって，コペルニクスは水星と金星が太陽の周囲を回る真の周期をついに求めたのです．かくして，彼は6個の惑星が並ぶ順序を紛れもなく，明確に決定することができたのでした．

コペルニクスはさらに，各惑星の軌道半径が，太陽・地球間距離の何倍あるかも計算することに成功しました．例えば，金星が太陽から最も離れて見えるとき(最大離角とよびます)は，金星から太陽と地球を見た角度は直角になります．このとき，地球から見た太陽と金星の角度を測定すれば，直角三角形の性質から金星の軌道半径と地球・太陽間の距離の比が計算できるのです．このようにしてコペルニクスは，"惑星の周期が並ぶ順序は惑星の軌道半径の順序とまっ

たく同じである"ことを確認したのでした．彼は，のちに次のように述べています．

> したがって，惑星軌道の配置はこのように素晴らしい調和をなしていることがわかる．惑星の運動と軌道の大きさのこの見事な対応は，ほかのいかなる方法によっても示すことはできない．

　コペルニクスの太陽中心説は，宇宙の調和を探求するのにプラトン哲学的な方法を適用した大きな成果でした．次にコペルニクスは，惑星と月の運動においてエカントを廃したモデルを求めて研究を進めていきます．

　その後も，フロンボルクというヨーロッパの文化的中心地から遠く離れた僻地（へきち）で，コペルニクスは太陽中心宇宙の数学理論を発展させました．1538年になって，ヴィッテンベルク大学の数学教師だったレティクスがコペルニクスを訪問しました．レティクスはトレミー理論に対抗した，コペルニクスによる惑星運動の数学モデルに心を奪われます——それは統一のとれた太陽中心の宇宙観だったからです．レティクスはコペルニクスの許可を得て，コペルニクスの太陽中心説を紹介した『第一解説』を出版します．さらに，コペルニクスを説得して，彼の太陽中心説の全貌をまとめた著作『天球の回転について』をニュルンベルクで出版するよう手配しました．印刷中に必要な諸作業は，ルター派の牧師アンドレアス・オジアンダー（1498～1552）が面倒をみるように依頼されました．彼は純粋な好意から，コペルニクスの了解を得

ずに，太陽中心説は単なる計算上の便宜のためのものだ，という無署名の序文を付け加えたのです．この序文のために，太陽が中心であるとするコペルニクスの真の意図は，長い間読者に伝わらない結果に終わったのでした．

この分厚い著作の大部分は，惑星軌道の数学理論を取り扱っていて，その内容の複雑さ・難しさは『アルマゲスト』に匹敵するものでした．太陽中心説から実用になる天文表をつくる仕事は，もう少し後に現れました．エラズムス・ラインホルト（1511〜53）が，コペルニクスの理論を用いて計算した『プロシャ表』を1551年に出版しました．"地球は太陽の周りを巡る単なる1個の惑星にすぎない"という衝撃的な結論は，『天球の回転について』の第1巻に要約されています．

惑星が周期によって並ぶ順序が，惑星の太陽からの距離の順序と完全に同じであるという，驚くべき調和についてはすでに述べました．同じように衝撃的だったのは，太陽中心説によれば，"惑星"という言葉の起源である奇妙な惑星の動きは，動く地球から見れば当然の帰結として説明できることでした．例えば，火星の逆行現象が観測されるのは，火星が地球を挟んでちょうど太陽の反対側に来るときですが，これは，地球が火星を追い越す結果であることがわかります．水星と金星がいつも太陽のそばにいることも，いまや謎ではなくなりました．火星，木星，土星が夜中でも空に見えることがあるのに対して，水星，金星は太陽のそばでしか見られないのも，彼らが地球軌道の内側を回っているからなのです．

太陽中心説では，月は地球の衛星という地位に滑り落ちま

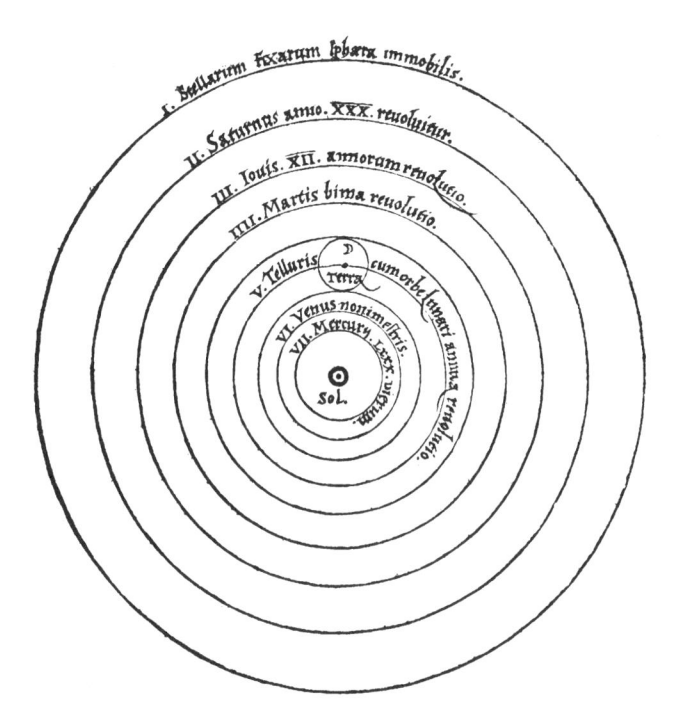

図13 コペルニクスの太陽中心説．コペルニクスの著書，『天球の回転について』第1巻に描かれた図．1番の土星から始まって，地球は5番目，各惑星には近似的な周期が付記されている．地球だけに月という衛星を伴うという特異性がコペルニクス支持者にとって困惑の種だった．しかし，ガリレオが望遠鏡を用いて木星にも4個の月があることを発見してからは，地球の月は特異ではないことが理解されるようになった．

した．また，地球が太陽の周囲を1年で回るのなら，天球上の恒星の位置にも1年周期の「年周視差」が観測されるはずです．これに対してコペルニクスは，星々の距離は非常に遠いので，年周視差が検出されないのだと反論しました．しか

第3章 中世の天文学 55

し，これらは枝葉のことにすぎません．最も重要なことは，コペルニクスの次の言葉でわかるように，太陽中心の宇宙が真の宇宙だということです．

> すべての中心に太陽がいる．宇宙全体を同時に照らすことができるランプを置くとしたら，太陽という美しい神殿以外に，もっと適した場所がほかにあり得るだろうか．宇宙の灯台と称えられ，ヘルメス主義の著作が"見える神"とよび，ソフォクレスによるギリシア悲劇「エレクトラ」では"すべてを見通すもの"とされた太陽は，玉座に座る王のごとく，太陽を回る惑星の家族すべてを支配する．

『天球の回転について』は，一様回転の円運動を用いた幾何学的モデルによって，奇妙な惑星の見かけの動きを説明するという，"現象を救う"ためのギリシア流天文学の頂点をきわめた仕事でした．エカントを廃した『アルマゲスト』とよぶこともできるでしょう．ですが，この太陽中心説の革命的な意義が，天文学者の間に浸透してゆくのは数十年もかかることになります．

（*訳注2）カリフとはムハンマドの後継者，代理人を意味し，イスラム教の最高権威者である．スルタンはカリフが授与する政治的支配者の称号で，君主とか皇帝と訳される．

（*訳注3）言語による学問と雄弁の神マーキュリーの結婚，つまり中世のヨーロッパの大学で広く行われた学問「自由七科」の原形について述べた著作である．

第 4 章
変容する天文学

　コペルニクスが著書『天球の回転について』で採用したやり方は，ギリシア時代以来の伝統的な方法でしたが，"地球は動く"という主張はいろいろな疑問を引き起こしました．何が地球を動かしているのか？　地球に乗っている私たちが動きを感じないのはどうしてか？　垂直に発射された矢が正確に発射地点に落ちてくる理由は？　地球が半年後に軌道の反対側に移動したとき，なぜ星の年周視差が観測されないのか？　キリスト教の聖書に太陽が動くことを意味する言葉があるが，これをどう説明すればよいのか？　などです．

　『天球の回転について』の無署名の序文に惑わされて，コペルニクスは太陽が本当に宇宙の中心と信じたわけではなく，計算の便宜のために太陽中心説を利用したのだと考えた学者もいました．また，コペルニクスに対抗して，より"現象を救う"ようなモデルを追及した天文学者もいました．彼らは『天球の回転について』の第 1 巻に書かれた革命的な太

陽中心説の精神など気にしなかったのです．そうした天文学者の中で，コペルニクスが革新的だった点に関しては保守的で，逆にコペルニクスよりずっと革新的な面もあった人物がいました．それが，ティコ・ブラーエ（1546〜1601）です．

ティコ・ブラーエ

ティコはデンマークの貴族の一員として誕生しました．しかし，中世封建社会の典型的な貴族が送るような生涯ではなく，学問を好む傾向があり，とくに天文学に強い興味を示しました．1563年に，彼は木星と土星が"合"になる（地球から見て同じ方向に来る）現象に遭遇します．動きの遅い木星が，さらに遅い土星を追い越すこの現象はめずらしく，20年間に1回しか起こりませんが，占星術では不吉な現象とみなされていました．10代だったティコは，1563年の合の前後で観測を行い，13世紀につくられた「アルフォンソ表」は合の予定日が1ヵ月もずれていること，コペルニクスのモデルにしたがって作成された近代的な「プロシャ表」ですら，2日の誤差があると結論づけました．この結果は，ティコにとっては受け入れがたいことだったため，間もなく彼は観測天文学を革新しようと決心します．

コペルニクスもそれ以前の天文学者と同じく，昔から受け継がれてきた観測データで満足しており，自分で観測するのはどうしても必要なときと，望ましい観測装置を得たときくらいでした．古代の観測天文学と，近代の観測天文学との境

目の時代に位置していたティコは，よい理論を打ち立てるには精度の高い観測データが不可欠と考えました．ティコは，高性能な観測装置の開発と，研究ができる天文台をもつことを夢見ていました．熟練した観測助手のグループを指揮して，精度の高い観測のデータブックを編纂するのです．貴族高官たちのつてを頼って，ティコはついにデンマーク王のフレデリック２世を説得し*4，フベン島を封建領地としてもらい受けることに成功します．そこで，1576年から80年までかかって，ウラニボルグ（天の城）と名づけた天文台を建設しました．この天文台は，近代的な天文台の第一号だったのです．

　この天文台には，四つの観測室と多くのベッド，食堂，図書館，錬金術の実験室，印刷所など，すべてが備わっていました．さらに島には，印刷のための製紙施設までがあり，天文学研究のためには完全に自給できたのです．4年後ティコは，もう一つの附属天文台ステルンボルグ（星の城）を近くに建造します．この天文台はウラニボルグと違って半地下式で，強風から装置を守って安定な観測ができるように意図されていました．ティコは独裁者的なところがあって，二つのチームが平行観測をする際に，"馴れ合い"をさせないためにステルンボルグをつくったのだとも述べています．

　ティコは1597年までフベン島で観測を続けました．その後，王がクリスチャン４世に交代すると，ティコの傲慢な態度のために，次第にフベン島に居づらくなります．そして２年後，フベン島を去って，プラハの皇帝ルドルフ２世の天文

図14 ティコのウラニボルグ天文台の大壁面四分儀．この四分儀は南北の子午線面内に設置されている．右端に見える観測者は，天体が子午線を通過したときの高度を測定する．右下の助手は，子午線通過の時の時刻を読み上げ，左下の助手が観測結果を記録する．背景には，中央に座ったティコと天文台内の諸設備が描かれている．

官に就任しました．この頃には，ティコは天文観測への情熱を失っており，多くの観測装置はフベン島に置き去りにしました．しかし，フベン島で取得した膨大な量の太陽，月，惑星の精密な観測データはプラハに携えました．これらのデータは後にケプラーの研究を完成させるのに，決定的に重要な役割を果たすことになります．ケプラーは，ティコが1601年に死去した後，天文官の職を継いだのでした．

ティコの宇宙モデル

　ティコは最初の近代的観測者でした．彼が編纂した777個の恒星を含む星表のうち，明るい星の場合は位置観測の角度精度が約1分に達しています（月の見かけの直径の約30分の1．肉眼で識別できる限界に近い）．しかし，ティコ自身が最も誇りにしていたのは，彼の宇宙モデルのほうでしょう——ガリレオたちはティコのモデルを"退歩への妥協"とみなしたのですが．ティコは太陽中心説の利点も評価していましたが，地球が動くということに，力学，神学，および天文学的理由から反対しました．とくに，彼の精密な天文観測技術をもってしても，星の年周視差が検出できなかったことについて，それをコペルニクスは星の距離が非常に遠いためだと主張しているのは，単なる言い訳にすぎないとティコは考えました．年周視差が測定できないほど遠いためには，星までの距離は土星までの距離の少なくとも700倍はあるはずで，惑星と星までの間に何もない広大な空間が拡がっているのは，ティコには無意味に思えたのです．

　そこでティコは，地球は宇宙の中心に静止していて，なお

かつ太陽中心の惑星系モデルを探し求めました．後から考えるとその解決は明白で，太陽を地球の周囲に回転させ，ほかの惑星はみな太陽の衛星にすればよいわけです．しかし，ほかの発見もしばしばそうでしたが，このアイデアに至る道のりは決して平坦ではなかったのです．1578年までは，1000年前のマルティアヌス・カペラが述べたように，水星と金星だけを太陽を巡らすことをティコは考えていました．1584年頃は，5個の惑星を太陽の衛星にするように変わりましたが，そうすると，火星の天球が太陽の天球とぶつかってしまうという問題に直面しました（図15）．

思い悩むうちに，ティコは1570年代に行った観測に思い至ります．1572年11月に，昼間でも見えるほど明るい天体がカシオペア座に出現しました．それまで，天上界は不変であるとされてきましたが，これは新しい星に見えました．ティコはまだ26歳でしたが，すでに天文観測の経験を積んでおり，この天体は大気中の現象ではなく，天上界の天体であることを確信しました．反対する天文学者もいましたが，彼はその誤りを指摘しました．天上界は実際に変化することが示されたのです．

それ以前から，彗星も天上界の現象とみなすこともできたかもしれません．しかし，アリストテレス主義者たちの考えは違っていて，彗星は地上界，大気中の現象であると教えていたのです．アリストテレス自身は，回転する天球が地球の大気と火に影響を与えて，摩擦によって最も火のつきやすいところから発火する，これが彗星であると説明していました．

天上界が不変な存在なら，彗星は大気中の現象であるとす

る，アリストテレスの解釈に反対する理由はあまりありません．しかし，1572 年の新星を見たことによって，もし彗星の高さ（距離）を測定することができれば，彗星が大気中のものか否かを決められるだろう，という疑いを抱きます．ウラニボルグ建設中の 1577 年になって，彗星が出現しました．

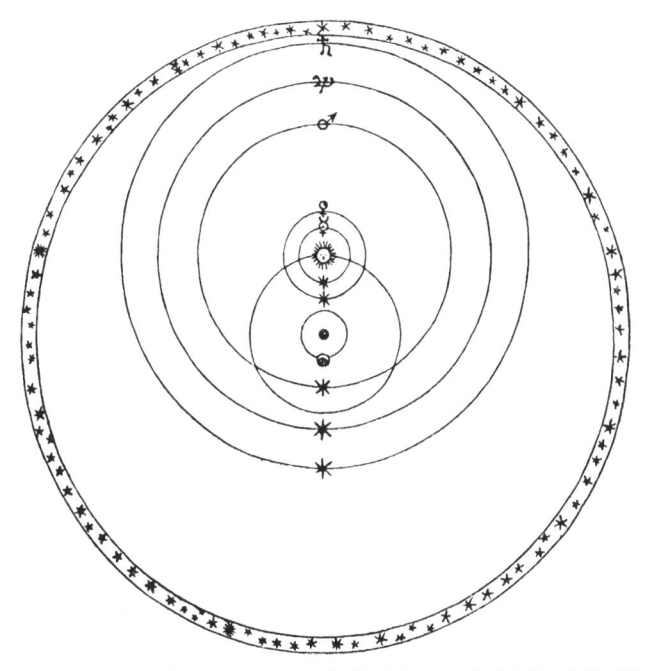

図 15 ティコの宇宙モデル．中心に地球があり，その周囲を月と太陽が巡る．太陽自身は 5 個の惑星をしたがえて地球の周囲を回る．恒星天球が土星のすぐ外側に描かれていることに注意．ティコのモデルでも，惑星の見かけの動きはコペルニクスの太陽中心説とまったく同様に説明できた．このことが，ガリレオがコペルニクス説を主張するときの大きな悩みだった．

ティコは測定の結果，この彗星は惑星天球の間を自由に通り抜けて運動したことを知りました．このことから，ティコは後に，"惑星を担っている天球など元々なかったのだ"と悟ります．

この彗星によって，ティコは太陽と火星の天球どうしがぶつかるという困難を解決することができました．1588年にこの彗星について書いた本の中で，新しいティコの宇宙モデルについて発表し，太陽と月の詳しい運動理論についても述べています（図15を参照）．図15によれば，恒星天球は土星のすぐ外側に描かれていて，距離は地球半径の約1万4000倍ですから，ティコの宇宙はコペルニクスの宇宙よりずっと小さいことがわかります．

ガリレオ・ガリレイ

ティコの後数十年間にわたって，似たような惑星モデルがいくつか登場し，それらは反駁することも難しかったので，コペルニクス説を支持していたガリレオ・ガリレイ（1564〜1642）は憤慨しました．1590年代にピサ大学の数学教授だったガリレオは，潮の満ち引きという現象を，地球の自転と公転によって説明しようと努力していましたが，コペルニクス主義に心を奪われるほどではなかったのです．ところが，1609年の夏にベネチアにいたとき，2枚のレンズを組み合わせた器具がオランダで発明され，それを使うと遠方の物がすぐ近くに見えるという噂を耳にしました．レンズは曲がった像が見える玩具として市場などではおなじみだったのですが，噂が本当であることを確かめるとガリレオは，自らレ

ンズを使って似た装置を考案します．8月にはベネチア市首脳部の人々に倍率8倍の望遠鏡を公開し，大反響をよびます．この年の終わりには，倍率20倍の物も製作しました．数ヵ月後，ガリレオはトスカナ大公の数学・物理学者に任命されますが，おそらく望遠鏡の製作と無関係ではなかったはずです．

　望遠鏡の発明以前は，いつの時代の天文学者も眺める空は同じようなものでした．より多くを知りたければ，より多くの書物や記録を読む以外なかったのです．ところが事情は一変しました．数ヵ月，数年のうちに，いままで誰も経験したことにない驚異をガリレオは望遠鏡によって授かることになりました．有史以来，何もなかったところに見えてきた数々の星たち，木星を回る4個の衛星，ガリレオから半世紀後に環だと判明した土星の奇妙な付属物，月のように満ち欠けする金星，地球とよく似た月面上の山脈，完全な表面とされていた太陽面上のしみのような黒点，などです．かつてアリストテレスが天の川は微細な星の集団であると想像したことを，望遠鏡で確認することもできました．

　また，望遠鏡によってガリレオは，恒星が肉眼で丸く見えるのは，光学的な錯覚にすぎないことを知りました．望遠鏡ではもっと大きな円盤に見えるはずですが，実際には恒星はまったく拡大されて見えなかったのです．これは，ティコが恒星の視差を測定できなかったのは，恒星の距離が非常に遠いためだとする，コペルニクスの支持者にとって好都合でした．この遠距離でもし恒星が実際に円盤に見えたとしたら，恒星の真の直径は途方もなく大きいことになってしまうから

第4章　変容する天文学

です.

　ガリレオの時代には, 新しい研究成果を急いで公表するための学術雑誌はまだ現れておらず, のんびりした本の形で出版するのが普通でした. しかし, 望遠鏡による発見の報告は最優先と考えて, 彼は数ヵ月のうちに『星界の報告』と題した薄い本として出版しました. 1613年には『太陽黒点についての書簡』を刊行します. コペルニクスの説を支持する数々の発見のうちで, ガリレオがいちばん重要と見なしたのは金星の満ち欠けで, この1613年の本に載っています.

　トレミーの宇宙では, 金星の天球は太陽の天球より下にあります. 金星がつねに太陽の近くに見えることを説明するために, 金星の周転円の中心は地球と太陽を結ぶ線分の中間に位置するとされました. つまり, 金星は地球と太陽間のどこかにいるのです.

　金星が太陽の光を反射して輝いているとすると, トレミーのモデルでは太陽の光が当らない金星の面が地球から見えることになり, 金星はいつも欠けた状態で, 満月のように見えることはないはずです. 一方, コペルニクスの太陽中心説では, 金星は地球より内側の軌道で太陽を回りますから, 三日月になったり半月になったりするだけでなく, 太陽の向こう側に行ったときは満月のように見えるはずです. ガリレオは望遠鏡で, まさに満月状態の金星を観測しました. トレミーのモデルは間違いであることがはっきりと示されたとガリレオは信じました. しかし, この発見は, 地球, 太陽, 金星の相対的位置関係がわかっただけで, 3惑星のどれが宇宙の中

で静止しているかについては何も教えてはくれませんし，これはティコのモデルでも同じように説明できるのでした．

この頃，トレミーモデルは捨てても，地球が静止しているとするティコのモデルのほうが，正しいと見なす人々が多かったので，観測された金星の満ち欠けがティコのモデルでも説明できることは，ガリレオにとって悩みの種でした．彼は自分の発見からコペルニクス説を熱烈に支持しました．しかし，トレミーが間違っていることを示すよりも，コペルニクスが正しいことを証明するほうがじつは難しかったのです．そのため，ガリレオは，トレミーとコペルニクスのどちらが間違っているのか，という立場から問題をとらえようと努めました．1632 年に，コペルニクス支持者として，『二つの世界の対話，トレミー主義とコペルニクス主義』（『天文対話』）を出版します．

ガリレオは，われわれ地球人が宇宙を猛烈なスピードで動いているのか，それとも"不動の大地"にいると信じ込まされているのか，の問題を解決しようとして，「運動」の新たな定義をつくり出しました．「運動」とは物の位置の移動ですが，アリストテレス哲学では，自然の物体の性質は，それがいかに振る舞うか，どう動くかで決まると考えました．そのため，運動するためには説明が必要でしたが，静止している物体には関心がなかったのです．

それに対してガリレオは，物の見方をすっかり変えて，物体が運動状態を変える（加速度をもつ）ときにはその原因が必要であるが，一定の速さで動いている（静止状態もその特殊な場合）ことは説明の必要はない，と主張しました．い

第 4 章　変容する天文学　　67

ま，完全に滑らかな球形の地球表面上をボールが転がっていると仮定すると，このボールが静止する理由は何もありません．地球中心の周りにいつまでも一様な速さで運動し続けるはずです．これと同様に，地球も太陽系の中心の周りを一様な速度で回っているために，地球人は自分の運動に気づかないのだとガリレオは考えました．

次のエピソードが示すように，ガリレオは友人に恵まれていただけでなく，敵も多くいました．地球が動くという考えは，聖書のある文言（もんごん）と，表面上は矛盾することが以前から知られていました．ガリレオは友人に宛てて，公開する意図のある手紙を1613年に書きました．これは1615年に執筆された『クリスチーナ大公妃への手紙』の元になったものです（実際の出版は1636年）．この本はいまでは，伝統的なカトリック教会の立場をガリレオが言い表した名言，「聖書は天国への行き方（go）を教えてはくれるが，天がどう動くか（go）を教えてくれるわけではない」としてよく知られていますが，当時，反宗教改革の時代にあっては，ガリレオのような素人が聖書の語句を解釈することは許されなかったのです．1614年になって，教会のある説教師が，新約聖書の使徒伝から文言を引用してガリレオを糾弾しました．「ガリラヤ人よ，なぜお前は立って天を見上げているのだ？」——これは教会の歴史上，ガリラヤ人＝ガリレオ，天を見上げて＝天文学者，という，聖書の文言を利用した"掛け言葉"の最高傑作といわれました．

しかしガリレオは，上のような非難に警戒するようにという友人の警告を無視して，自分の立場を主張し続けます．そ

のため，バチカンのローマ法王庁も巻き込んだ論争へとエスカレートし，1616年2月には，ガリレオは聖枢機卿ロバート・ベラルミンから事情聴取を受けました．ベラルミンは，はっきりした証拠が出れば，地球が静止しているという伝統的な立場を改めてもよい，と自分は従来からいっていたが，今回のことで，コペルニクス説を擁護したり，正しいと信ずることはもはやできないとガリレオに宣告します．

その後1623年になると，ガリレオの友人で支持者でもあった人物が新しい法王に就任しました．それに力を得たガリレオは，コペルニクス説を再び主張し始めて，1632年には『天文対話』を出版します．この本にローマ教会は強い反発を示し，最終的にはガリレオは宗教裁判で自宅幽閉の判決を受けました．ガリレオの判決によって，カトリック国における天文学は後退を余儀なくされ，イエズス会の多くの天文学者はティコの宇宙モデルを支持するようになります．

ガリレオには，複雑な数学的理論は苦手で避けて通るという傾向があり，これがコペルニクス主義の宣伝者としての弱点でした．そのため，コペルニクス説を支持した，ガリレオと同時代のある人物が，惑星が太陽の周囲を巡るのは質量の大きな中心天体の太陽から発する作用が原因であると述べたことについて，気にも留めなかったのです．この考えは，天文学を幾何学の応用から物理学の分野へ，運動学から力学へと向かわせた重要な思考の転換でした．

ヨハネス・ケプラー

上に述べたある人物とは，ヨハネス・ケプラー（1571〜

1630)です．ドイツのシュトゥットガルト近郊の町で生まれ，チュービンゲン大学で教育を受けました．この大学の天文学の先生は，コペルニクスの説も含めたいろいろな宇宙観を公平に教えていました．ケプラーはここで神学を学びます．しかし1593年に大学当局は，ケプラーがグラーツ大学の数学の教師に就任するよう指名したので，ケプラーはしぶしぶ同意しました．

　グラーツに落ち着いた後，ケプラーは神によって創造されたと信じていた宇宙の構造について頭を悩ませます．コペルニクスはたしかに太陽系の基本的な構造を明らかにしましたが，神がなぜそのような特別な配置を選んだのか，なかでも，なぜ惑星の数が6個なのか，なぜ惑星と惑星の間の空間は5個なのか，が大きな疑問でした．いろいろ思案の末に，ケプラーは次のようなアイデアに思い至ります——惑星間の空間の数が5個であることと，正多面体（ピラミッド，正立方体など）の種類が同じ5種類であることは偶然ではなく，何か深遠な意味があるのではないか．そこで，図16に示したように，外側の惑星天球がある正多面体の頂点に接し，内側の惑星天球は，この多面体の内面に接するような入れ子の構造が可能かどうかを検討しました．コペルニクスがすでに求めていた各惑星の軌道半径と，正多面体の順序をいろいろ組み合わせてみた結果，図16のような構造が6個の惑星の軌道半径をほぼ満足することを発見したのです．

　惑星のここまでの理論では，惑星が動く速度の問題には何も触れていません．ケプラーは次に，巨大な中心天体である太陽からの物理作用によって，惑星はどのような速度で運動

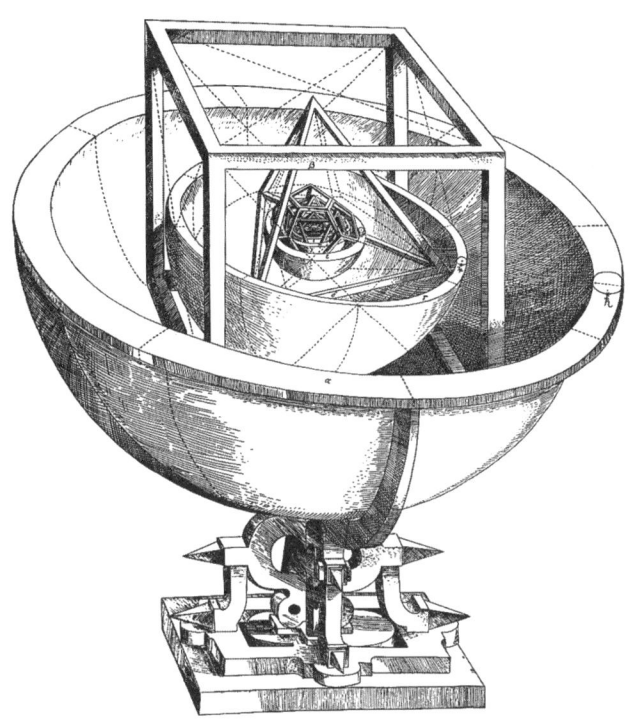

図 16 ケプラーが最初に考えついた宇宙の幾何学的調和．6 惑星の軌道と5 個の正多面体の驚くべき関係が，神の摂理によってつくられたと『宇宙誌の神秘』(1596)には記している．

するかという画期的なアイデアについて述べます．すでにコペルニクスは，太陽から遠い惑星ほど，軌道上を動く速度も遅い，ことを示していました．このことからケプラーは，惑星を動かす原因は太陽にあり，その作用は太陽から遠いほど弱くなるのだろうと推測します．

第 4 章 変容する天文学　　71

この考えが法則の形で定式化されるのには、さらに20年以上かかりました。しかし、1596年出版の『宇宙誌の神秘』の中に書かれたこの初期のアイデアによって、天文学者たちは、新たな天才が出現したと感じ始めたのでした。ケプラーは『宇宙誌の神秘』をガリレオに贈り、コペルニクス説の支持をよびかけますが、ガリレオは儀礼的な返事をしただけでした。一方、ティコは、ケプラーが完璧な太陽中心主義者であると知りながら、フベン島に来るようにケプラーを招待します。このときは、遠方の島への招待をケプラーは断りましたが、1600年にティコがプラハに移ったと聞くと、ティコを訪問してみようと思い立ちます。そして、約3ヵ月滞在して火星の軌道の研究を行いました。水星を別にすると——いつも太陽に近い薄明の空にしか見えないので観測が難しい、惑星の中では火星の軌道が円から最もずれていて、円運動の組み合わせで"現象を救う"ことが困難な天体でした。滞在期間が終わるとケプラーはいったんグラーツに戻り、再びプラハに戻ってきます。その1年後ティコは死去し、ケプラーがティコの後継者の地位につきました。

　ケプラーと"火星との戦争"（火星は戦争の神）は6, 7年もの間続きました。ケプラーの味方は、コペルニクスの太陽中心説とティコが残した火星の精密な観測データ、それと英国の哲学者ウィリアム・ギルバート（1544～1603）が著わした『磁石について』でした。ギルバートはこの本の中で、地球自体が巨大な磁石であると述べていました。

　ケプラーはたぐいまれな人物で、正直な科学者でした。彼は自分の本の中で、研究の結論に至る道筋を直接的で迷いの

ないように説明することはしません．読者に，迷路のような複雑な計算に付き合うよう要求します．また，議論の背景などを説明する序文もほとんど書きませんでした．しかし，ケプラーが本当に言いたいことは明快に述べられています．それは，惑星がどう動くかという伝統的な幾何学的宇宙モデルはやめにして，惑星を動かしている原因は何かという物理学的な立場で研究することでした．

ティコが，各惑星を担っている水晶のような同心の惑星天球など存在しなかったことを証明して以来，研究の重点が運動学から力学へ移るのは避けられないことでした．知性の天使が動かしていたと昔は信じられた天球の回転，この問題はいまや大きな関心事ではなくなりました．コペルニクスは，天球は自然に回転するものだと言いましたが，ビュリダンは，宇宙創造のときに各天球に与えられたインペトゥスによって回転すると仮定しました．

しかし，天球というものが存在しないとわかってみると，空間内を軌道運動する個々の惑星だけが残されました．放り投げられた物体と同じように，惑星を軌道運動させている原因は何なのか？　いったんこの疑問が問題の中心テーマになると，太陽中心説は断然有利になります．小さな地球が巨大な太陽の周囲を回るほうが，その逆の場合よりもずっと力学的には理にかなっているからです．

1609年にケプラーは，『火星の運動の原因，または天体の物理学に基づいて論述した新天文学』を出版し，火星の難問を解決したことを高らかに宣言しました．ケプラーはこれ以前から，太陽系の中心はほかでもない，太陽自身にあるとい

う理解に到達していたのです．同じ意味で彼は，惑星の経度方向と緯度方向の運動を別々のモデルで説明するのではなく，両方を一つの理論で説明できる必要があったのです．

　ティコは非常に多くの観測データを残したので，地球，太陽，火星がある特別な配置になったときの観測も十分な数が利用できました．火星が太陽のちょうど180度正反対の方向に来たときは（衝という），地球からの観測は太陽系の中心である太陽からの観測として役立ちますが，そのような観測データも豊富にありました．ティコの観測は非常に正確でした．そのため，ケプラーがティコの観測にまず円運動のモデルを当てはめて，8分角という誤差を得たとき（少し以前なら，この値は観測とモデルは十分よく一致すると見なされたでしょう），彼はティコのデータが8分角よりずっと小さい観測誤差しか含まないということを知っていたので，円運動のモデルは不適当であるとして捨てました．一方，ティコの観測は"精密すぎる"ということもなかったのです．もしティコの観測にまったく誤差がなかったとしたら，火星の軌道運動はほかの惑星からの引力によっても乱されますので（摂動という），ケプラーの名を冠した有名な法則は見つけられなかったかもしれません．

　ギルバートは，地球は大きな磁石であると論じていました．おそらく太陽はもっとずっと巨大な磁石のはずです．すべての惑星は太陽を中心に同じ向きに回り，遠い惑星ほどゆっくり運動していることから，回転している太陽は，惑星を動かすための磁気的な影響を宇宙空間に及ぼしているとケプラーは想像しました．その影響は当然，近い惑星ほど強くは

たらきます．もし太陽からの影響が持続的に作用していなかったら，惑星は軌道上で止まってしまうに違いないとケプラーは考えたのです——これは現代の用語でいえば「慣性」の概念です．

しかし，これだけでは十分ではありません．惑星の軌道は単純な円ではなく，惑星の太陽からの距離は変化します．このことを説明するためにケプラーは，太陽は，軌道上のある部分では引力として，ほかの部分では斥力(せきりょく)として作用する第2の力を及ぼしていると想定しました．

ケプラーの3法則

ティコの観測データを解析する方法を方向づけたのが，このケプラーの物理的直感でした．模索を続けるうちに，彼が最初に発見したのは，ケプラーの第1法則ではなく，第2法則のほうでした．第1法則は軌道の形は何かを述べたもの，第2法則は惑星が軌道上を動く速度について述べたものです．第1法則によれば，惑星は楕円の軌道上を運動し，太陽は楕円の焦点の一つを占めます．楕円の性質は，紀元前2世紀のギリシア以来，数学者にはよく知られていました．ケプラーが楕円に注目したことは画期的な思いつきでした——トレミーモデルのような，周転円・導円，離心円，エカントなど多くの仮定をせずに，楕円という単一の，しかも古代からよく性質のわかった曲線で惑星軌道を表そうとしたのです．しかしながら，物理的直感によってこの考えに至る過程では，困った問題にも直面しました．楕円形はその短軸に対して対称ですが，ケプラーの第1法則では惑星の軌道は，焦点

第4章 変容する天文学

の一つを太陽が占めていて，楕円の短軸についてかなり非対称なのです．

　私たちはケプラーの第2法則について，のちにニュートンが万有引力の法則から導いた表現のほうをよく知っています．「惑星と太陽とを結ぶ線分は，等しい時間に等しい面積を掃く」という表現です．しかし，この表現は当時の数学者にとっては奇妙な言い表し方で，数式でどう記述してよいかわからなかったため，もっと数学的に扱いやすい，次のような表現のほうを彼らは好みました．惑星は，太陽・惑星間の距離に反比例する速度で軌道上を運動する，または，惑星は，楕円の虚焦点から見ると惑星は一様な速度で運動する，です．これらの表現と，厳密なケプラーの第2法則（面積速度の法則とよぶ）との違いは，実際の観測上はほとんど区別できないくらい小さなものでした．

　『新天文学』は，火星（おそらくほかの惑星も）がどのように運動するか，および軌道運動を起こさせる原因についての考えを述べたものです．ですが，ケプラーが『宇宙誌の神秘』で最初に取り組んだ，惑星系全体の配置の問題はどうなったのでしょう．この問題は，1619年に出版された『世界の調和』の主要テーマの一つで，ほかに，惑星の軌道運動と音楽との関係なども議論されています．コペルニクスは，太陽から遠い惑星ほど軌道周期が長いという，宇宙における秩序を見つけて大満足でした．ところがいまやケプラーは，「惑星の公転周期の2乗と軌道半径の3乗の比は一定である」，という法則の発見者になったのです（ケプラーの第3法則）．

次にケプラーは，自分の発見をより広く読者に知ってもらうために，親しみやすい問答形式の著作『コペルニクス天文学の縮約版』を1618〜21年の間に少しずつ出版します．これはケプラーの天才的直感の源を最もよく示していますが，コペルニクスがこれを読んだとすれば，自分の幾何学的天文学がいまでは物理学の一部に変容してしまったと嘆いたかもしれません．

　惑星理論の良し悪しが最後に試されるのはその実用性，つまり正確な惑星表がつくれるかどうかです．ティコ自身が天文学に興味を抱いたきっかけは，コペルニクス理論に基づいた「プロシャ表」が不正確だったためでした．ティコがプラハで若きケプラーをルドルフ皇帝にはじめて紹介したとき，皇帝はケプラーに向かって，天文学者が信頼して使える新しい天文表をティコと協力して製作するようにと命じました．ティコもルドルフも死去してからずっと後の1627年，ケプラーはようやく「ルドルフ表」を出版します．

　フランスの天文学者ピエール・ガッサンディが，史上はじめて水星の太陽面通過の観測に成功したとき，ケプラーもすでに世を去っていました．この現象の予報は，「ルドルフ表」が「プロシャ表」より30倍も正確でした——ケプラーの楕円運動理論はついに最終テストをパスしたのです．しかし，ケプラーの物理的直感，太陽からの作用が絶えずはたらかないと，惑星はすぐ止まってしまうという考えは，非現実的のように見えました．また，惑星の軌道上の速度が変化することを示した第2法則も，ケプラーの定式化は混乱しており，そのため読む側にも混乱を引き起こしました．ケプラーは伝

統的な円運動の組み合わせを1個の楕円運動に置き換え，天体の物理学という概念を天文学者に植えつけようとしましたが，惑星系の真の力学は依然謎のままで残ったのでした．

(＊訳注4) 実際には，フレデリック2世がティコの天文学的業績を世界に広く知らしめて，デンマーク国のヨーロッパにおける威信を高める目的で，フベン島に天文台を建設することをティコに承知させたのである(『天文月報』，第99巻，9月号，2006)．

第 5 章
ニュートンの時代の天文学

　中世後期の時代はアリストテレスの自然観が支配的で，ルネサンス期になるとプラトンの思想が人気を博しました．しかし次の時代には，「機械論的哲学」または「粒子論哲学」が徐々に広まります．その起源は，ギリシアの原子論者の説でした．いろいろな物体の性質が異なると私たちが感じるのは，私たちの感覚器官が物体を形づくる不変な粒子の運動を知覚し解釈するためだと説明しました．この考え方は，速度とか形とかの概念を使って解釈する新しい見方として，この時代の人の目には魅力的に映りました．速度や形は少なくとも数学的に扱えるからです．ストラスブール大聖堂の巨大な機械時計を見てもわかるように，機械装置はますます精巧になりつつある時代でした．機械装置自体は非常に複雑に見えますが，それを構成する要素は，歯車の歯や重りといった単純な可動部品です．

ルネ・デカルト

　神も偉大な時計師であるとすれば，創造主としての神の作品は，構造はきわめて複雑ですが，運動する要素としてみれば単純で理解しやすいことになります．ガリレオは，この古代ギリシア生まれの自然観に魅了された一人です．なかでも，ガリレオより若い同時代人だったルネ・デカルト（1596〜1650）は，この機械論的哲学を極限にまで推し進めました．デカルトはラ・フレッシュの学校で，イエズス会の教師からガリレオが望遠鏡で成し遂げた生々しい発見のニュースを聞きました．さらに彼らは，数学の定理に示されたような，確実な真理に対する畏敬の念をデカルトに吹き込んだことが，デカルトにはより重要な意味をもっていたのです．

　デカルトにとって，確実な真理と確実性の高い真理との間には，非常に大きな隔たりがありました．そこで彼は，この両者の橋渡しをするには，数学者の推論方法を用いなければならないと心に決めました．なぜなら，数学者はいつも正しく空間を理解してきたからです．無限で，一様で，分化していないユークリッドの空間は，理想化された抽象的空間ではなく，現実の空間であるとデカルトは見なしました．

　デカルトは冷徹で，大胆な哲学者でした．アリストテレスについて語るときは，いつもトラブルに巻き込まれたガリレオと違って，デカルトはアリストテレスを軽蔑して無視し，自分自身の哲学を創造することに乗り出します．それまでは，あらゆる議論はアリストテレスに言及されましたが，いまやデカルトに言及する時代が到来しようとしていたのです．

デカルトの宇宙の中では，特別な場所はもはや存在しません．天体は地球や太陽を中心に回転しますが，地球や太陽も普通の場所にすぎないのです．物質とは何かという基本概念を分析した結果，デカルトは一部の物質にしかない色や味などの属性を排除しました．そして，多くの特性に関して，空間と物質は同一のものであるという結論に達しました．もしそうならば，物質のない空間，"真空" はあり得ないことになります，つまり宇宙は物質で充満しているのです．また，空間は一様ですから，物質も一様でなければなりません．私たちが識別するこの物とあの物との違いは，一様であるべき物質が空間と物質界の中をどのように運動するかでみな決まることを意味します．デカルトにとって，運動は宇宙を理解するためのすべてでした．

　自然法則の支配者たる神は，この瞬間にある方向に運動している物質を，その方向に一定の速度で動き続けるように保ちます，つまり直線運動の慣性法則です．また，宇宙の全空間を支配する神は，宇宙の中のすべての運動をも支配するのです．このことから，運動がある物質からほかの物質に移行する法則も存在し得ることになります．

　直線運動の慣性は，宇宙は物質で充満しているため，実際に物がいつも直線運動をするのではなく，そう動ける傾向があるということです．現実には，物が動けるためには，運動方向の前後にある物質も運動を起こす必要があります．その結果，物質の運動は全体として渦運動に変化します．回転する渦は，普通は物資を外向きに追いやる遠心力として作用しますが，一部の物質は渦の中心に押しやられます．中心部に

押し込められた物質はやがて自ら発光するようになる，それらが大規模に集積したものが太陽であり，星なのです．ですから，太陽は一つの星にほかなりませんし，似たような星々は無限宇宙の至るところに散在することになるのです．

太陽は，惑星たちを引き連れた強大な渦の中心に位置しています．惑星は運動の接線方向に飛び去ろうとしますが，周囲の物質に邪魔されるので閉じた軌道を回ることになります．惑星の一つである地球自身も，月を伴った小さい渦なのです．そのため，月は太陽と地球の両方の渦によって運ばれるので，後で述べるニュートンも月の運動を計算するのは難しいと感じました．デカルトは数学者でしたし，「私の物理は幾何学以外の何物でもありません」と自分でも手紙にも書いています．しかし，彼の種々なアイデアについて述べた『哲学原理』(1644)は言葉だけで書かれており，数式はまったく現れません．表現はあいまいで，いく通りにも理解できます．『哲学原理』の記述はいろいろな風に解釈できたため，ほとんどすべてのことを説明できましたが，実際の予測には何も役立たなかったのです．この本を理解できたのはおそらく数学を知らない人だけであり，この本が指し示す世界像は，パリの社交界に憂き身をやつす人々には大きな魅力として受け取られました．

ロバート・フック

17世紀後半のオックスフォード大学，ケンブリッジ大学では，公式にはアリストテレスはいまだ影響力をもっていましたが，大学の先進的な教師たちは新しいデカルトの哲学に

も興味を示していました．しかし，1660年にロンドンで創設された王立協会の会員たちは，ウィリアム・ギルバートによる"磁石哲学"の後継者で，これはケプラーの思考にも大きな影響を与えた考え方でした．この王立協会の指導者の一人にジョン・ウィルキンズ（1614〜72）がいます．彼は1640年に，『月の世界の発見（第2版）』を出版しました．その中で彼は，「月世界の旅行は原理的には可能である，なぜなら，地球による磁気的影響は高度に比例して減少するからだ」という議論を展開しています．

1660年代の初め，王立協会の実験主任だったロバート・フック（1635〜1703）は，地球の影響力が，教会の高い塔の上では地表より小さいことを確かめる実験まで行っていたのです．このときははっきりした結論はもちろん得られませんでしたが，後になってフックは自分の磁気力の考え方を，太陽系に見られる特性を説明するためにしっかりと一般化しています．1674年になると，次に示す三つの仮説を提案する段階にまで到達していました．

> 第1の仮説：宇宙にある天体は何であれ，自分の中心に向かう引力，物を引きつける力をもっている．そのために，各物体は飛び去らずにそれぞれの位置に保たれることは，地球上で私たちが目にする通りである．また，どの天体も，その"作用圏"の内側にあるほかのすべての天体を引き寄せる．

上の文でわかるように，フックは，太陽系のすべての天体はほかの天体を引きつける，もっと正確にいえば，地球の各部分が一体に保たれている重力と同じ力によって，天体は自

分の"作用圏"内にあるほかの天体も引きつけると信じていたのです．直線運動の慣性に関しては，次のように驚くほど明快です．

> 第2の仮説：すべての物体は，一定の直線運動の状態に置かれるとそのままの直線運動を続ける．他からの力が作用すると，その物体の運動は曲げられて，円軌道や，楕円軌道，またはもっと複雑な曲線に変化する．

> 第3の仮説：この引力の作用は，引力の中心に近ければ近いほど強くはたらく．

　フックは，引力の強さが距離に反比例するのか，距離の2乗に反比例するのか，または別な関係にあるのかは答えることはできませんでした．しかし，その関係を知ることはさほど重要なことではなく，数学者にまかせればよい仕事だとフックはみなしていたのです．

　距離の逆2乗法則がいちばん有望な候補でした．なぜなら，天体の明るさは距離の平方に反比例して弱まるからです．しかし，もっと説得力ある理由がありました．それは，例えば，投石機の先端に結びつけた石を，円を描いて回転させたときの力学を解析すればわかります．惑星運動のケプラーの第3法則を考慮すると，もしすべての惑星が厳密に円軌道上を一定の速度で動いているとすれば，太陽からの引力は距離の2乗に反比例して弱まることを示すことができました．しかし，惑星の真の軌道は楕円です．楕円運動の場合でも，距離の逆2乗法則は，果たして成り立つのでしょうか．

1684年のロンドンでは，楕円運動の場合でも距離の逆2乗則が当てはまるという意見が強まりましたが，誰もその数学的な証明には成功しませんでした．ケンブリッジ大学の数学教授であり，天才的な才能に恵まれているものの秘密主義者だったアイザック・ニュートン（1642〜1727）が，この問題を解決することができるでしょうか．エドモンド・ハレー（1656頃〜1742）はある日，勇気を奮い起こしてニュートンの書斎を訪れました．ハレーは，太陽からの引力が距離の逆2乗法則で惑星にはたらくとすると，その軌道はどのような形でしょうか，と質問しました．これに対して，ニュートンは躊躇なく，ハレーが期待していたとおりの答え，楕円であると返事したのでした．

アイザック・ニュートン

　1661年にケンブリッジ大学に入学したニュートンは，65年頃までには，厳密な円運動の場合にはその力学をすでに解決していました．しかし，実際の惑星運動では，深刻な問題に直面していたのです．この当時ニュートンも信じていたデカルトの宇宙モデルでは，月は太陽と地球の両方の渦によって運ばれていることになり，そのために月の運動の数学的取り扱いは難しかったのでした．惑星については，ケプラーの第2法則はいろいろな表現の仕方が存在していました——観測的にはほとんど差はなく，概念だけが異なっていたのです．ニュートン自身は，第2法則をエカントの変種の形で表す試みをいろいろ行った末に，ある本をヒントに，最終的には現在私たちが"面積速度の法則"として知っている形の定

式化に到達したのでした．

1679年，ニュートンはいまだデカルトの渦運動に意味をもたせようと悪戦苦闘し，惑星の軌道運動の解析も混乱をきわめていました，そのとき，フックから1通の手紙を受け取ったのです．いまではフックは王立協会の秘書になっており，ケンブリッジのニュートンを王立協会の活動に巻き込もうとしていました．フックは，惑星の接線方向の直線運動（慣性運動）と中心天体である太陽の引力による運動を合成した運動はどうなるか，考えてほしいとニュートンに誘いをかけます．フックは，惑星の運動が，従来考えられたような，遠心力と求心力との大小関係で決まるのではなく，中心天体からの引力と，もしそれがなかったら直進するはずの直線運動との合成で起きるのだとみていたのです．

フックはまた，星の年周視差を測定して，地球の運動を証明する計画についてもニュートンに告げました（第6章を参照）．それに答えてニュートンは，地球は静止しているに違いないとする伝統的な証明の新しい説明をフックに示しました．従来は，垂直に打ち上げた矢は元の場所にそのまま戻ってくることや，同じことですが，高い塔から落とした石は塔の足元にそのまま落下することから，地球は静止していると説明していたのでした．

ニュートンの新しい説明はこうです．塔の先端は基部より地球の中心から遠い．また地球は自転しているので，石が塔の頂上から放されたとき，基部よりも速い水平方向の速度を有している．この速度は，石が落下している間中維持されるのだから，地表に着いたときには基部より前方向に落ちるの

だと．さらにニュートンは，もし石が地表を突き抜けてさらに運動を続けたとしたら，どのような運動をするかという想像上の状況をも議論しました．こうすることでニュートンは，自由落下の問題を軌道運動の問題に転換したのでした．

一方のフックは，ニュートンの解析に一つ誤りを指摘できて満足したのですが，物体が地表を突き抜けて軌道運動をするという議論はあまりに空想的すぎると感じました．しかし，ともかくフックは距離の逆2乗法則について，「重力は，つねに中心からの距離の2乗に逆比例する」が自分の仮説であると，ニュートンにはっきり表明したのでした．

ニュートンは，批判に対しては自分の殻に閉じ籠ります．そして，誰にも知らせずに物事の真偽を決着させるために全力を傾けます．フックによる提案は，全空間が物質で充満しているとするデカルトの宇宙とは相いれないように，ニュートンには感じられました．しかしニュートンは，フックの逆2乗則を採用して，その数学的な解析を続けた結果，驚くべき発見を成し遂げました．惑星の軌道は楕円で，その一つの焦点を太陽が占めること，太陽と惑星を結ぶ線分は一定時間に一定の面積を掃くこと，を証明したのです．これらはまさしく，実際の惑星についてケプラーがすでに示していた法則そのものでした．

もし，これが正しいとすると，現実の宇宙は空疎な何もない空間で，孤立した個々の天体はこの空間を通じて重力的な影響を及ぼし合っているのでしょうか．物質で充満しているというデカルトの宇宙は，幻想だったのでしょうか．

1679年から84年にハレーが訪問するまでの間に，ニュー

トンが自分の考えをどう発展させたのか，詳しいことは不明です．唯一わかっているのは，ニュートンが王室天文官だったジョン・フラムスティード（1646〜1719）と，混乱した手紙のやり取りをしたことだけです．それは，1680年の11月に太陽に接近する彗星が観測され，翌月には太陽から離れていく彗星が見つかりましたが，両者が同一の彗星だったのかという疑問です．これについてニュートンは，1個の彗星が太陽の後ろ側をぐるりと回ってきた可能性はあると示唆しました．この頃からニュートンは，彗星の軌道運動も太陽の重力作用によって起こったのだと考え始めていたのかもしれません．はっきりしているのは，ハレーが機転を利かせてニュートンを表敬訪問したことにより，太陽からの逆2乗力によって楕円運動が生じるという数学的証明をニュートンがハレーに書き送ると約束したことです．その下書きは，その後次第に膨らんで，ついには大著『自然哲学の数学的原理』（1687）になりました．ラテン語による略称のタイトル，『プリンキピア』のほうがよく知られています．ニュートンの同時代の人々は，このタイトルに，言葉だけで空想的なデカルトの著書，『哲学原理』への挑戦と批判の意味が込められていると理解したのでした．

『プリンキピア』

『プリンキピア』の元になった最初の草稿はわずか9頁でした．それは，何もない空間中に1個の引力の中心があるときに，それに引かれて運動する物体の軌道を解析したものです．この物体の運動はケプラーによる面積速度の法則にした

がいます．引力の強さが逆2乗の場合には，軌道は円錐曲線，つまり楕円，放物線，または双曲線になります．引力中心が楕円の焦点に位置する場合は，ケプラーの第3法則が導かれ，この逆も真であることが示せるのです．ケプラーが彼の3法則を観測データから求めたときは，その力学的な基礎はあやふやでしたが，いまやケプラーの3法則は慣性運動する物体が逆2乗の引力を受けた場合の結果として，厳密に証明できたのでした．

　この段階では，ニュートンは重力のことを，それが大きい天体であれ，小さい天体であれ，すべての天体どうしで相互にはたらく引力とはみていませんでした．フックはずっと早い時期から，重力は普遍的な引力と考えていました．このようなニュートンの認識は，一見奇妙に映ります．なぜなら，ニュートンは自分の草稿の中で，ケプラーの第3法則は4個ある木星のガリレオ衛星と，土星の5個の衛星にも当てはまる，と書いているからです（土星の衛星タイタンはクリスティアーン・ホイヘンスが1655年に発見し，残りの4個はドミニク・カッシーニが後に発見しました）．だから，これら衛星は土星の重力に引かれていたことになります．また，もしそうなら，なぜ太陽も土星に引かれないのか，と疑問に思うでしょう．おそらく同じ考えがニュートンの頭にも浮かんだはずです．次の草稿では，重力は普遍的であると述べているからです．

　いまやニュートンの頭の中では，物質が充満していてそれらが絶えず衝突するデカルトの宇宙は，ほとんど何もない空疎な空間からなる宇宙へと道を譲っていたのでした．この新

しい宇宙では，慣性による物体の直線運動が，ほかのすべての物体の重力作用によって軌道を曲げられる，そしてこの作用は，なぜか何もない空間を伝わって相手に影響を与えるのです．これらの作用を数学的にすべて定式化する複雑さを考えると，ニュートン自身が仰天したのも当然でした．とくに月の運動は，太陽と地球の両方から影響を受けるため，計算が困難でした．

一方，フランスなどヨーロッパ大陸の数学者は，ニュートンが唱えた"重力"と称する，謎めいた，退歩ともいうべき概念にショックを受けたことでしょう．ニュートンは，重力がどうして伝わるのかの説明をまったくしなかったため，重力は，多くの学者の目には，力学理論の世界から近年ようやく追放したと思っていた，霊力とか超能力の再来と映ったのでした．

古代から2000年間の観測と研究を経て，惑星の楕円運動がなぜ，いかにして起こるかがニュートンによってついに解明されました（逆2乗法則の本性が謎だとしても）．しかし，彗星の運動はどうでしょう？ ニュートンはいまでは，1680年に出現した2個の彗星が同一の彗星であることを確信できました．この彗星は太陽の向こう側をぐるりと回ったのでした．彼は『プリンキピア』の中で，彗星も太陽系の天体であり，その軌道は円錐曲線になること，彗星も面積速度の法則にしたがうことを結論づけています．このことはまた，長楕円軌道の彗星は，太陽から去った後，再び回帰してくる可能性を示唆しました．

フックはずっと以前から，落下するリンゴにはたらく地球

の力と，天体である月にはたらく力は同じだろうと疑っていましたが，ニュートンも同じ考えに至りました．しかし，ニュートンはこの両者の力を比較しようとして，大きな数学的困難に直面します．

　重力が，薄い空気中を伝わるときと硬い岩石を通して伝わる場合とで，同じように作用するのかという疑問は別にしても，地球を構成するすべての物質要素とリンゴとの間に作用する力を計算する必要がありました．ニュートンの支持者の中には，この計算ができるのは神だけだと考えた人もいました．しかしニュートンは，驚くべき定理，"地球全体からの重力は，地球のすべての物質が地球中心に集まったと見なした場合の重力に等しい"ことを証明したのでした．

　すると，リンゴにはたらく地球の重力と，月にはたらく重力を計算できることになります．リンゴと地球中心との距離は地球半径，月の距離は地球半径の60倍です．計算の結果，両者にはたらく力の比は約 $60^2:1$ でした．まさしく，地球上と天は同じ距離の逆2乗の法則にしたがっていることが証明されたのでした[*5]．

『プリンキピア』の原稿をニュートンが書き進めるにつれて，はじめて説明可能になった現象の数も増えてゆきます．
潮汐は，月と太陽による引力が陸地と海洋にはたらくときの差によって生じることがわかりました．地球は自転しているため，赤道部で少し膨らみ，極地方では扁平になります．地球は厳密には球体ではなくなりました．そのため，赤道部の膨らみに作用する太陽と月の引力が，地球の自転軸にコマの

回転軸の首ふり運動と似た運動を起こさせる結果，ギリシアのヒッパルコスが発見した歳差の現象が発生することも明らかになりました．また，月には，トレミーやティコが発見した不均一運動が見られますが，定量的ではないにしても，ニュートンはこれらの現象も説明することが可能になったのです．

私たちの衛星，月は観測するのは簡単ですが，その運動を数学的に解析するのは非常に複雑です．ニュートンは18世紀の優れた数学者たちに，測定された月の詳細な運動を逆2乗の法則によって，細部まで完全に説明するという課題を残しました．その発展の歴史を述べることは相当に手強い仕事ですが，これは天文学の歴史というよりも，むしろ応用数学の歴史に属すると考えるべきでしょう．

ニュートンはまた，地球の月，木星，土星の衛星の観測データを用いて，それら惑星の質量を計算できるようになりました．その結果，木星と土星は，地球，水星，金星，火星のどれに比べてもずっと大きいことが判明します．そして，この2個の巨大惑星は太陽系の外縁部に位置するために，それらの強力な重力作用（摂動）によって太陽系が不安定になるのを防いでいるようにみえました．でも，十分に時間が経つと，この摂動作用が累積して，太陽系の最初の配置をすっかり変えてしまう可能性がありますが，神が人間のために介入して，元の配置を保つように仕向けているのでしょうか．

ヨーロッパ大陸の数学者たち，例えば著名なゴットフリート・ライプニッツ（1646～1716）は，神は偉大な時計職人であり，宇宙を機械仕掛けの傑作にしているという点で，ニ

ュートンの見解に賛成していました．しかし神は不器用な職人であったため，不安定化するような自分の失敗作の宇宙をつくり直す必要に迫られたとニュートンが考えていると知って，彼らは憤慨しました．ですが，ニュートンにとっては，そのような宇宙でさえも，当初からの神の計画の一部だったのです．

　ほかの大陸の数学者たちは，ニュートンによる重力の概念は逆ではないかと考えました．ニュートンが，重力という仮想的な力で多くの物体の運動をうまく説明できたのは事実です．しかし，この力の正体は依然不明のままでした．デカルト的発想で解釈できるのかどうかもわかりませんでした．『プリンキピア』の中に記された定理の多くは，ニュートンが古臭い幾何学的方法で証明していたので，一部の専門家しか読む気を起こしませんでした．『プリンキピア』が注目を引くようになるのは，1810〜30年代になってからです．大陸の数学者たちが，ニュートンの力学と重力を近代的な数学手法で再構成し，月の複雑な運動の細部まで説明することに成功した結果，ニュートンの重力理論は不可欠のものになったのです．とくに，1759年に起こったある彗星の再来が，ニュートン力学の地位を不動のものにしました．

ハレー彗星

　デカルトの物理学によれば，彗星は自分自身の渦がつぶれた，死んだ星でした．この彗星はほかの渦から渦へとさまよい歩き，ある渦の中に深く取り込まれると，そこで惑星として留まるとデカルトは考えました．しかしニュートンは，彗

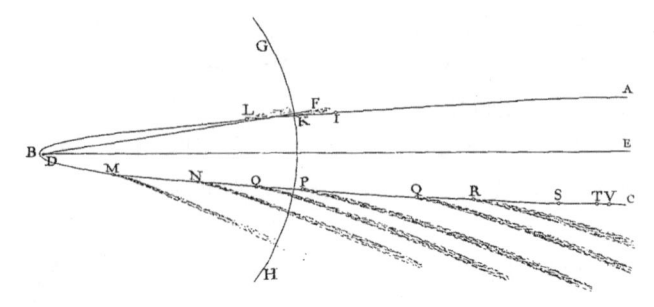

図17 アイザック・ニュートンの『プリンキピア』に描かれた1680年の大彗星の軌道．ニュートンは万有引力の法則を適用して，天体が楕円軌道だけでなく，放物線という軌道上を運動することもできることを示した．図で，軌道上の各点から延びているのは彗星の尾である．

星の運動もケプラーの3法則にしたがうことを主張し，長楕円軌道の彗星は太陽付近に再来する可能性を指摘していました（図17）．そこでハレーは，彗星の歴史的記録を調べ，それらの軌道を計算し，軌道特性が互いによく似ていて，ある一定の時間間隔で出現した数個の彗星がないかどうかを調査しました．そして，1531年，1607年，1682年の彗星を候補として見つけました．ハレーは1695年に，「この3個の彗星は同一の彗星が回帰したものと私は思う」と，ニュートンに報告しています．

しかしながら，出現間隔はほぼ同じでしたが，完全に周期的ではありませんでした．このことからハレーは，彗星が大惑星のそばを通過したときに惑星の摂動作用を受けて，軌道の周期が若干変化したと解釈しました．ハレーは，1758年の暮れか，翌年の初めにこの彗星が再来すると予言しまし

た．

　不吉の前兆と見られていた彗星も，結局は惑星と同じ運動法則にしたがうのでしょうか．1757年の夏に，フランスの天文学者クレロー（1713〜65）と2人の同僚は，非常な苦労をして，この彗星が1682年に木星の近傍を通過した際に木星から受けた摂動効果を詳細に計算しました．そして，ハレーの彗星は1759年4月の中旬に，太陽付近に回帰してくると予測しました．

　1758年12月，クリスマスの晩に一つの新彗星が発見されます．この彗星は1759年3月13日に，太陽に最も近い点（近日点）を通過しました．この彗星の軌道は，ハレーが研究した3個の彗星の軌道に非常によく似ていました——4個の彗星は，同じ彗星の再来だったことがついに示されたのです．このハレー彗星の回帰は，ニュートン力学が4分の3世紀も先の彗星の出現を予言できたことで，天文学者と一般大衆に大きな驚きを引き起こしたのでした．

経度の決定法

　ニュートン力学に基づく複雑な月運動の研究は，その後も詳細に続けられました．それは数学的な興味から行われた面もありますが，じつはもっと重要な目的があったのです．海上における船の位置，とくに夜間の位置を知ることは，船乗りの生死にかかわる問題でした．船の緯度を決定することは比較的簡単で，夜は天の北極の高度を測定すればよく，昼間は正午の太陽高度を測ることで，緯度がわかりました．問題は経度のほうで，これは現代の飛行機の旅では時差でおなじ

みですが，当時は経度の測定はずっと難しかったのです．その場所の地方時と，標準時（グリニッジ平均標準時）との差をどうやって知ればよいのかが問題でした．18世紀初頭には，陸上では精度の高い振子時計が実用化されていましたが，揺れる海上では役に立ちません．

古代からずっと，経度を測定する方法は天文学の重要な課題でした．ギリシアのヒッパルコスが提案した，日食・月食を2地点から同時に観測して，それら地方時の差から経度差を求めることが長い歴史を通じて試みられましたが，日食・月食はめったに起きませんので，船乗りには役立ちません．次にガリレオが提案したのは，日食・月食よりもっと頻繁に起きる木星の衛星の食現象を利用することです．木星の衛星の食は，17世紀遅くには木星衛星の精密な運動表が完成したので，陸地での経度測定はこの方法でうまくいきました．しかし海上では，木星の衛星食も実用にはなりませんでした．

その後も，さまざまな方法がテストされた末に，見込みのありそうな方法が二つに絞られました．それは，海上でも精密な時刻を表示できるクロノメータとよぶ機械時計を開発すること，および星々の間をすばやく移動する月を時計の針のように利用する方法です．英国議会は，海上で実用になる経度決定法を見つけた者には，莫大な賞金を提供することにしたのでした．

クロノメータは時計職人の仕事で，経度問題の解決に向けて取り組んだのが親方のジョン・ハリソン（1693～1776）でした．一方，大学の天文学者と数学者とは，"月距法"の

完成を目指して努力しました．この方法では，船乗りはまず天空における月の正確な位置を測定しなければなりません．実際には，月と近くの恒星の角距離を測ればよいのです．月距法では，精密な星の位置表（星表），正確な角度測定ができる測定装置，測定された月の位置を標準時に換算するための精密な月運動表が必要になります．この標準時と地方時との差が，すなわちその地の経度です．星表，測定位置，月の運動表にそれぞれ誤差があれば，そのぶん，計算された船の位置と実際の位置の差が大きくなるので，三つの誤差をどれもできる限り小さくすることが課題でした．

　グリニッジの王立天文台は1675年に設立されましたが，その目的として，航海のための精密な星表を作成することがはっきりうたわれていました．初代天文台長フラムスティードの死後，1725年に出版された英国星表には3000個の恒星が掲載され，肉眼星表の代表だったティコの星表より1等級暗い星を含んでいました．また，船上で精密な角度を測定する問題は，1731年の二重反射象限儀（オクタントとよぶ．セキスタントの先祖）の発明によって解決されました．最後は数学者に課された問題で，ニュートンの月運動理論から十分精密な月運動表を完成し，航海の数ヵ月前に船乗りに配布できることでした．結局，ゲッチンゲン大学教授のトビアス・マイヤー（1723～62）がつくった月運行表が，実用上の精度を満たしていると認められ，死後に未亡人が賞金3000ポンドを獲得しました．このマイヤーの仕事に基づいて，当時の王立天文台長ネヴィル・マスケリン（1732～1811）は1766年に第1巻の『英国航海暦』を出版し，以後毎年刊行

されることになります．

　他方，ハリソンのほうは，クロノメータの傑作を次々に開発しつつありました．完成した1号機は，1736年にリスボンへの旅行を行い，結果が良かったので，さらなる研究開発のため賞金の一部250ポンドが贈られました．1764年には，ハリソンの4号機は製作者本人とともに南米のバルバドス島までの往復航海に参加し，その成果によってハリソンは，当初の賞金2万ポンドの半分を贈呈されました．航海に適したクロノメータが量産されるようになると，経度の決定には月距法よりクロノメータのほうが好まれました．一方，天文学者たちには，主要な港町の観測所に勤務して，正午か午後1時に落下させる"時間球"の面倒をみるという新たな仕事が生まれました．時間球を使って船乗りたちは，これから航海に出るための船のクロノメータの時刻合わせを行ったのです．ハリソンが製作した4台の見事なクロノメータは，現在でもグリニッジの国立海事博物館で動いているのを見ることができます．

ボーデの法則

　火星より内側の惑星の軌道と，巨大惑星である木星，土星の軌道との間には，奇妙なほど広い空間のギャップがあります．ニュートンはこれを，太陽系が不安定になって破壊されるのを防ぐために創造主たる神が行った配慮だと考えていました．それに対してケプラーは，この広いギャップにはまだ発見されていない惑星があるかもしれないというアイデアをなかば戯（たわむ）れに述べたことがありました．18世紀までには，

こうした惑星の配置と未知惑星の議論が，天文学者の間ではまれではなくなります．とくに，各惑星の太陽からの距離には，不思議な数値上の関係が存在することが指摘されると，がぜん未知惑星への関心が高まりました．オックスフォード大学の教授デービッド・グレゴリー（1659〜1708）が1702年に出版した『初等天文学』には，水星から土星までの距離として，4, 7, 10, 15, 52, 95の数値を載せていました．他方，ヴィッテンベルクのヨハン・D・ティティウス（1729〜96）は，少し違う数の列，4, 4＋3, 4＋6, 4＋12, 4＋48, 4＋96をあたえていました．これは $4+3\times2^n$ という関係式を表しています．若きドイツの天文学者ヨハン・E・ボーデ（1747〜1826）は，このティティウス関係式をたいそう気に入って，のちに自分の本に紹介したので，いまではボーデの法則とよばれています．2人は，$4+3\times2^3$（＝28）の位置に未知の惑星があるかもしれないと考えました．

ボーデの法則については，1781年にまったく予期しない進展がありました．アマチュア天文家だったウィリアム・ハーシェル（1738〜1822）が，この年に"奇妙な星"を偶然発見し，それがのちに天王星と命名された惑星だとわかって，ハーシェルが有名になった出来事です．天文学者たちが天王星の軌道を決定してみると，この惑星の太陽からの距離は驚いたことに $4+3\times2^6$ の関係を満たしていたのです．これがきっかけで，ドイツ中央部のゴータの宮廷天文官だったフォン・ツァッハ男爵（1754〜1832）はボーデの法則が有効であると確信し，$4+3\times2^3$ に相当する惑星の探索を開始しました．しかし目的を達しないままに，フォン・ツァ

第5章　ニュートンの時代の天文学　　99

ッハは1800年に新惑星に興味をもつ友人仲間と会議をもち，捜索方法を議論します．その結果，惑星の通り道である黄道帯を24の天域に分割して，各メンバーがそれぞれの天域に移動天体を求めてパトロール観測をすることに決まりました．

シチリア島のパレルモ天文台には，ジウゼッペ・ピアジ（1746～1826）という天文学者がいました．ピアジはちょうど新しい星表を制作するための観測を行っており，正確さを期するために，各星の位置を二晩にわたって2回測定していました．まだフォン・ツァッハから捜索メンバーになる招待状が到着する前ですが，1801年1月1日の晩に，明るさ8等星の一つの星を観測し，翌晩に再測定するとこの星は動いていたことがわかりました．

ピアジがこの天体を追跡できたのは，太陽に近づいて薄明の中で観測できなくなるまでの数週間でした．しかし，カール・F・ガウス（1777～1855）という天才数学者のお陰で，この天体の軌道が計算され，フォン・ツァッハが再検出に成功しました．発見者ピアジによってセレスと命名されたこの天体の軌道は，ボーデの法則を満たしていましたが，惑星にしては小さすぎたのです．月より小さいというハーシェルの評価は当たっていました．そして数年以内に，ほかの同じような小天体が3個も発見され，どれもボーデの法則に合っていました．ハーシェルはこの新種の天体を"小惑星"とよぶよう提案しました．医者出身の天文学者で，未知惑星の探査仲間でもあったヴィルヘルム・オルバース（1758～1840）は，大きな1個の惑星が分裂して小惑星ができたのだろうと

推定しました．

　その後も，長年にわたって新天体の捜索が続けられましたが成功しませんでした．ようやく1845年になって，ドイツの元郵便局員だったK・L・ヘンケが新たな1個を見つけ，2年後にもう1個を発見したため，小惑星の探査熱が再燃してきます．1891年までには小惑星の数は300個を越えました．写真術が発明されると，小惑星の発見はずっと容易になります．ハイデルベルクのマックス・ヴォルフ（1863〜1932）は，広い視野を撮影できる望遠鏡を恒星の日周運動に合わせて運転する方法で写真観測をしました．そうすると，恒星は点状に写るのに対して，移動する小惑星は短い棒状に写るため，容易に小惑星を見つけることが可能になったのです．

　もしオルバースの分裂仮説が正しければ，どの小惑星の軌道も分裂した場所の付近を通るはずです．しかし実際にはそのような傾向は見られなかったため，小惑星全部の質量を合わせても月よりずっと小さいことから，小惑星は木星の強い摂動作用によって，惑星にまで成長できなかった天体と考えられるようになりました．

海王星の発見

　天王星の発見は，ボーデの法則が遠い惑星にまで成り立つことを示しましたが，やがて天王星の動きには異常が見つかりました．天王星の発見後，過去の記録を調べると，1690年の昔まで天王星は恒星として観測されていたことがわかり，天王星の軌道は早い時期に精度よく決定できました．と

ころが，その後に観測された天王星の位置が，この軌道から徐々にずれはじめたのです．その原因がいろいろ議論されましたが，次の二つが有力な候補として残りました．一つは，重力の距離の逆2乗法則が天王星のような遠方では厳密には成り立たないのではないかという疑い，もう一つは，まだ未発見の惑星が存在していて，それが天王星の軌道を乱している疑いでした．やがて，後者のほうの可能性が高まったため，1840年代になると2人の優秀な天文学者がこの問題に取り組むことになります．彼らは机上の高度な力学的計算だけで，未知惑星のいる位置を予測しようとしました．

一人は，ケンブリッジ大学のまだ大学院生だったジョン・C・アダムス（1819〜92）です．彼は指導教授のジェイムズ・チャリス（1803〜82）から示唆を受けて，王室天文官だったジョージ・B・エアリー（1801〜92）に自分の計算結果を見てもらうためにグリニッジを訪れました．しかし，アダムスは運悪くエアリーに会うことができなかったため，計算の概要をグリニッジに残して帰りました．翌年の夏，エアリーはパリのウルバン・J・J・ルベリエ（1811〜77）が送ってきた論文のコピーを見て飛び上がりました．そこには，アダムスが計算した未知惑星の位置とほとんど同じ位置の予測が書かれていたのです．エアリーは，自分が台長を務める国立の天文台は研究をするための施設ではない，という立場でしたが，ケンブリッジのチャリスにアダムスの惑星を探してみるよう頼みました．

依頼されたチャリスにできたのは，目当ての惑星がいると思われる天域の星々を一つひとつ注意深く記録して，別の晩

に再度調べて移動しているかどうかを確かめることだけでした．これは非常に時間と労力のかかる作業であるうえ，チャリスはこれを緊急の仕事とは思っていませんでした．フランスのルベリエのほうは，ドイツのベルリン天文台に自分が予測した未知惑星の位置を探すように手紙を出していました．ベルリン天文台は，チャリスとは違って，ベルリンのアカデミーが編纂した新しい星図の写しを持っていました．そのため，捜索を開始した1846年9月23日の夜，星図に載っていない恒星状の天体を発見します．これがまさに新惑星だったのです．

のちにわかったことですが，じつはチャリスもこの新惑星を記録していました．しかし，2度目の測定の前だったので，移動には気づきませんでした．英国人は，アダムスの結果はルベリエの偉業に匹敵すると主張しましたが，フランス国民は同意しませんでした．この発見の先取権が誰にあるにせよ，新惑星（海王星）によって，ニュートン力学の勝利はいまや不動のものになったのです．

ところがしばらくして，この勝利を揺るがす事態がまた起こりました．天王星のときと同じように，水星の軌道運動に異常が見つかったのです．水星の楕円軌道で太陽に最も近い点（近日点）は太陽の周りをゆっくり回転しますが，その速度がニュートン力学から予想される値より大きかったのです．それは100年間に約1度というわずかな違いでしたが，大きな問題でした．ルベリエは，これも未知の惑星による摂動が原因と仮定し，1859年の9月に，大きさが水星とほぼ同じで，太陽からの距離が水星の半分の位置にまだ見つかっ

ていない惑星があるかもしれないと発表しました——これだけ太陽に近いと観測は困難です．このとき，レスカルボーというフランス人の医者がルベリエの記事をたまたま読み，自分がこの年の初めに太陽面を横切った天体を見たことを思い出し，ルベリエに手紙を出しました．ルベリエはレスカルボーの目撃談を聞いて信用し，この惑星にバルカンという名をつけました．その後も，バルカンを見たという報告がいろいろありましたが，信頼に足る観測は少なく，19世紀の終わりにはバルカンは幻だったと結論づけられました．1915年になると，アルバート・アインシュタインが，水星の近日点移動の問題は，彼が発見した一般相対性理論で説明できることを示しました——宇宙には，ニュートン力学では理解できない現象もあることがわかったのです．

(＊訳注5) 単位質量の物体にはたらく重力のことを重力加速度 (α) という．地球半径を r，地球中心から月までの距離を R，月の公転角速度を ω とすると，リンゴにはたらく地球の重力加速度は逆2乗法則から，$\alpha_A = GM / r^2$，月にはたらく加速度は運動学的考察から $\alpha_M = R\omega^2$ で与えられる（ただし，G は重力定数，M は地球の質量）．一方，ケプラーの第3法則から，$\omega^2 R^3 = GM$ の関係があるので，この式を α_M に代入して ω を消去すると，R/r＝60/1 なので，結局，$\alpha_A / \alpha_M = (60/1)^2$ の関係が得られる．

第6章
恒星宇宙を探求する

　1572年以前の天文学者は,"恒星"を文字どおり位置も明るさも変わらない天体で, 惑星の運動を測る背景の目印程度にしか見ていませんでした. もちろん恒星にも「固有運動」という動きがあります. しかし, 最も近い恒星でさえ, その距離は光速（秒速30万キロメートル）で進んでも数年もかかるほど遠いため, 非常に長い時間が経過しないと気づかないのです. 歳差による位置変化を別にすれば, ルネサンス期の天文学者が星を観測して, トレミーの時代の測定と位置の変化がないと判断したのも無理はなかったのです.

変光星の発見
　一方, 恒星の明るさが変化しないと考えられてきたのは, 一見驚くべきことです. 太陽を含む大部分の星はほとんど明るさが変わりません. ですが, 連星が食を起こしたり, 星自体が膨張収縮したりして, その明るさが周期的かまたは不規

則に変動する星が少数はあるのです．おそらくそれらの星はみな，それほど明るくはないので，天上界の星々は変化しないとするアリストテレスの教えを固く信じていた中世の天文学者は変化に気づかなかったのでしょう．"変化するはずのない天体"が変化するかどうかをわざわざ調べる人はいませんものね．

1572年に，"天からの警鐘"，すなわちティコも観測した明るい新星が出現しました（第4章）．これによって，天文学者は星が変化することに興味を抱くようになります．1604年にはもう一つの新星が天に現れました．これに加えて，800年ごとに巡ってくる木星と土星の最初の"大会合"（大接近）が「火の三宮」とよばれた黄道帯の星座で起こりました（図18）．さらに，木星と土星の接近中に，両者の間に火星が割り込んできて，非常に明るく輝いたのです．星占いの立場では最も不吉な予兆として，ヨーロッパ中の人々を大きな不安に落とし入れました．

いまでは，多くの人々は天上界が変化することを認めるようになりました．その頃，くじら座にも新星があるという話が広まります．この天体は明るい新星ではなかったので，輝いた後，暗くなって消えてしまうまでに，一人の天文学者が観測しただけでした．1638年に，別の新星が同じくじら座に出現し，光度が減少した後，消えました．ところがこの星は再び現れ，また暗くなって消えていったため，自分の発見を本に書く準備をしていたこの星の発見者は仰天しました．その後も，この星はある間隔で現れたり消えたりしました（変光星）．1667年には，フランスの天文学者イスマエル・

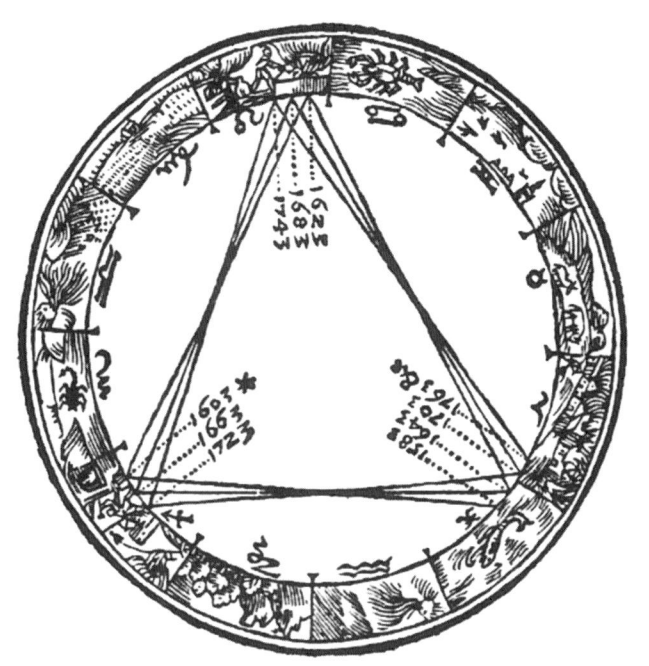

図18 木星と土星の三宮大会合．木星と土星との衝付近での会合（接近）は，おおよそ20年ごとに起きる．この会合が，木星と土星の公転周期の関係から，角度で約120度離れた黄道十二宮で順次起きるため，「三宮大会合」とよばれる（この図はケプラーが描いたもの）．

ブーリオ（1605〜94）が，この"驚異の星"は11ヵ月ごとに最大光度になると発表しました．変光星も光度変化に規則性があることが明らかになったのです．

　ブーリオはさらに進んで，変光星の巧妙な物理的解釈を提案しました．「私たちに最も近い星，太陽には黒点があってその数と形は変化するから，厳密にいえば太陽も変光星であ

る，よって，ほかの星にも似た現象があるはずだ」と，まず述べます．「いま，自転する星の表面に黒点よりずっと巨大な暗い斑点があったと想像しよう．すると，この斑点が地球のほうに向いたときは星の光度は暗くなり，これは星の自転ごとに規則的に起こるだろう．もし斑点が太陽黒点のように小さく不規則なものだったら，光度変化も不規則になるに違いない．」この解釈は，規則変光星と不規則変光星の両方を同時に説明できるきわめて巧妙なアイデアだったので，その後は変光星の物理的解釈を探し求める研究は行われなくなったほどでした．天文学者は，どの星が変光するかを調べるだけで満足してしまいました．しかし，真に変光するのか否かは十分確認されないままに，変光星と報告された星の数だけがうなぎ上りに増加したため，変光星は評判のよくない研究分野とみなされるようになったのです．

アルゴル

18世紀の終わり頃，ウィリアム・ハーシェルは変光を調べる優れた方法を考案します．彼は『星の比較等級目録』を出版しました．この目録には，互いに近くにある星で明るさがほぼ同じ星のリストを多数載せていましたから，それらのどれかが変光したときには，この目録の明るさと比較してわかるのでした．このハーシェルの研究は，1780年代の初頭に二人のアマチュア天文家が始めた変光星の観測方法を一般化したもので，星を明るさの順に系列化することが目的でした．二人は，イングランド北部のヨーク市郊外に住むアマチュア天文家でした．一人はエドワード・ピゴット（1753〜

1825) といい，名の知られた観測家の息子，もう一人は年下の友人で言語障害のあったジョン・グードリッケ（1764〜86）で，変光星の観測に誘われて参加したのです．

　二人が入念に調べた星の一つがアルゴルです．この星は通常は2等星の明るさですが，約1世紀前に2度だけ，4等星と報告されていました．1782年11月7日の晩，アルゴルはいつものように2等星でした．しかし，5日後，4等星に減光し，次の夜には2等星に復帰しました．このような急激な変光は前例がなかったので，二人はアルゴルを注意深く見守ることにしました．12月28日の夜，二人の努力はついに報いられました．日没後，観測を始めたときは3等星でしたが，じきに4等星と暗くなり，それから彼らの目の前で2等星に戻ったのです．ピゴットはすぐに，アルゴルの変光は周囲を回る衛星によって起こされた食現象かもしれないと疑いました．翌日，ピゴットはグードリッケにメモを送り，仮想的な衛星が11月12日から12月28日までの46日間に，アルゴルの周囲を1度か2度回ったとして計算した変光の予報を知らせました．その後の数ヵ月の観測から，彼らはこの仮想的な衛星はアルゴルの周りを3日以内の周期で巡っていると結論しました．アルゴルは，それまでの天文学ではまったく知られていなかったタイプの天体でした．

　ピゴットは気前よく，年下で障害のある友人に，王立協会に彼らの発見を公式に報告する権利を譲りました．しかし，まだ10代だったグードリッケは，アルゴルの解釈として，従来の暗い斑点モデルのほかに，衛星による食現象を可能性の一つとして述べただけでした．いまではアルゴルの変光は

伴星による食が原因であることがわかっていますから,事実,ピゴットの解釈は正しかったのです.二人はのちに,食による解釈を撤回して,伝統的な暗い斑点説に帰りました.その理由はおそらく,アルゴルの変光曲線にも不規則性があると彼らが誤解したこと,または,彼らが発見したほかの3個の短周期変光星は衛星による食理論ではうまく解釈できなかったためです.3個の変光星のうちの2個は,のちにセファイドとよばれた脈動変光星の仲間であることがわかりました――急激に最高光度に達した後,ゆっくりと暗くなる特性があります.セファイドはまた,ずっと後の時代に,エドウィン・ハッブルと彼の同僚が,銀河の距離を知るための標準光源として利用したことで有名です.

　変光が数日という新種の変光星が存在することを示したことは,18世紀の天文学の大きな成果でしたが,短周期変光の物理的メカニズムを解明するには至りませんでした.

星の固有運動

　ピゴットとグードリッケが,わずか数時間という短い明るさの変化をアルゴルで測定できたのとは対照的に,星の位置の変化を検出するには長い年月がかかります.年間に1秒角動くほど固有運動が大きな星の数はわずかで,最も動きの速い星の固有運動でも1年間に約10秒角です.このような固有運動は,近代の星表に記された星の位置と,昔につくられた星表の値を比較してはじめて知ることができるのです.この二つの星表は,時代が離れていればいるほど固有運動の値は精密に決まるはずですが,一つ問題があります.古い昔の

星表ほど，星の位置の測定精度が低いために，それから求めた固有運動にも誤差が入りこむのです．

　古代の星表で唯一利用できたのは，トレミーによる『アルマゲスト』でした．1718年にエドモンド・ハレーは，『アルマゲスト』のデータを用いて黄道傾斜角の時間変化率を求めようとして，3個の星がほかの星々に対して動いていたことを知りました．ここで，黄道傾斜角とは，天の赤道面と黄道面がなす角度のことです．

　固有運動の調査を進めるにつれ，ハレーは研究の難しさを悟ります．『アルマゲスト』以外で昔の星表はティコがつくったものだけでした．これはトレミーに比べればずっと正確だったのですが，わずか1世紀前の星表であることと，ティコは星の位置測定に大気差とよばれる現象を正しく考慮していなかったことが問題でした．大気差とは，星からの光線が大気の屈折作用で曲がる現象のことです．この点，もっと後世の天文学者はフラムスティードが非常な注意を払って編纂した「英国星表」を利用できるでしょう．この星表は最初から，固有運動の測定を目的としてつくられたからです．

ジェームズ・ブラッドレー

　当時はそのように期待されましたが，1728年にジェームズ・ブラッドレー（1693〜1762）が，その頃は誰もまったく予想もしていなかった「光行差」と名づけた，星の新たな位置変動の発見を公表しました．光速は非常に大きいですが，無限大ではありません．光速が有限であることは，前世紀の後半に木星衛星の食現象の観測から知られていました．

それは，木星が地球に近いときには，衛星の食を示す光はより短い距離を伝わるために，衛星表による食の予報より早い時刻に起こり，木星が遠くにいるときには，予報時刻より食が遅れて起こったからです．

太陽を回る地球の公転速度は光速に比べるとずっと小さいですが，それでも光行差として星の観測位置に影響を与えます．観測者は，光が来た方向に星にあるように測定しますが，じつは光行差のために地球が公転する方向に星の位置はわずかにずれているのです．これはちょうど，停止しているときは雨傘を垂直に差しますが，大またで歩き出すと雨に濡れないために，傘を少し前方に傾ける必要があるのと同じ理屈です．

ブラッドレーがどのようにして光行差を発見できたかは後で述べます．光行差発見の意義は，固有運動の検出のためにつくられた精密な「英国星表」でさえも，深刻な誤差を含んでいることがわかった点でした．1748年には，また新たな誤差の要因が発見されました．ブラッドレーが発表した"章動"という現象です．これは，歳差による地球自転軸の大きな首ふり運動に重なって，地球の自転軸が小さく揺れ動く現象で，地球の赤道部の膨らみに作用する月と太陽の引力の強さが変動するために起こります．この章動によっても，星表に記された恒星の座標は変化することが示されたのです．

ブラッドレーは1742年に王室天文官に任命されました．1750年から，健康を害して研究ができなくなるまで，星の位置観測に影響を及ぼすすべての効果に細心の注意を払いながら，多くの恒星観測を行いました．しかし生前には，観測

結果を"整約"して，光行差などの影響を計算で取り除いた"真の位置"を求める仕事は完成できませんでした．1818年になって，ドイツの優れた位置天文学者フリードリッヒ・W・ベッセル（1784〜1846）が，ブラッドレーの観測を整約して3000個以上の星を含む『天文学基礎』と題した恒星真位置の精密な目録を出版しました．この星表の元期（位置の基準となる日時）は，ブラッドレーの観測期間の中程，1755年に取ってあります．この星表の出版以後，19世紀の天文学者は，自分の恒星観測と『天文学基礎』の位置とを比較して星の動きを知り，固有運動を決定することができるようになったのです．

太陽運動の決定

　ブラッドレーは1748年に，すべての星の固有運動は相対的な動きであり，絶対空間の中の運動は測定できないことを指摘していました．12年後，トビアス・マイヤーが，ブラッドレーの指摘をより具体的に議論しました．もし，太陽を除く全部の星が静止していたら，宇宙空間中の太陽系の運動は，星々の固有運動に一つのパターンとして反映されて見えるだろう．だから，実際に観測された恒星の固有運動に見られる共通な傾向が，宇宙空間中の太陽系の運動を示しており，この太陽運動を取り除いた残差の固有運動が個々の星の独立な動きを表しているのだと述べました．これは，夜の市街で車を運転している場面にたとえることができます．市内にある一群の信号灯を遠方から見たときは，ひと塊の光としてゆっくり動いて見えます．近づくにつれて，各灯火は別々

に運動するように見え,車の左側にある信号灯は反時計回りに動き,右側の信号は時計回りに動くように見えるのと同じ現象なのです.

マイヤー自身は,用いた固有運動のデータからはっきりしたパターンを求めることができませんでした.1783年にハーシェルは,机上での固有運動の計算から,太陽系はヘルクレス座の方向に進んでいることを示すパターンを発見したと考えました.今日では,ハーシェルの発見は結果的に正しかったことがわかっていますが,固有運動データの十分な吟味を経た結論ではなかったのです.約30年後,ベッセルは著書『天文学基礎』の印刷中に,自分が編纂した固有運動の値を用いて,太陽系の運動パターンを探求してみました.しかし,残念ながら,何ら明確な傾向は発見できませんでした.

天文学者たちが,太陽系の運動がついに求められたと確信するのはようやく1837年になってからです.この年,ボン大学の教授F・W・A・アルゲランダー(1799〜1875)が,390個に及ぶ精密な恒星の固有運動データを使用して解析した結果を発表しました.彼は星々を3群に分けてそれぞれ独立に解析しましたが,3群ともハーシェルが得た太陽系の運動方向と一致したのです.

アルゲランダーの結論は,じきにほかの天文学者によっても確認されましたが,それらの結果はみな,ブラッドレーがイングランドで観測した恒星データに基づいたものでした.他方,フランスの天文学者ニコラ・L・ド・ラカイユ(1713〜62)が1751年から53年に南アフリカの喜望峰を訪れて約1万個の星の観測を実施していました.19世紀に入ると,

ラカイユの星の新たな観測結果が利用できるようになります．1847年に保険税理士のトマス・ギャロウェイ（1796〜1851）が，ブラッドレーのデータとはまったく別な，81個の南天の恒星の固有運動を用いて解析し，北天の星々から求めた太陽系の運動方向とほぼ同じ結果を得ました．ここに至って，太陽系はヘルクレス座の方向に運動していることは疑いようのない事実として確立されました．その後の研究によって，星の数と精密さは増加しましたが，ハーシェルによる結論は変わっていません．

年周視差検出の努力

　ところで，恒星の距離はどのくらい遠いのでしょうか．古代のトレミーや16世紀のティコにとっては，星々はいちばん遠い惑星のすぐ外側にある存在でした．しかし，もしコペルニクスが正しければ，私たちは6ヵ月ごとに，地球軌道の直径を挟んだ反対側から星を観測することになりますから，2天文単位の基線に相当する年周視差が星の観測位置に見つかるはずです（1天文単位は太陽・地球間の平均距離）．ですが，ティコが行った非常に精密な観測結果をもってしても，年周視差を検出できなかったことから，ティコがコペルニクスの太陽中心説に反対したのはごく当然なことでした．

　年周視差が検出できなかった原因の一つは，星の観測自体にありました．季節が変わると温度や湿度が変化し，観測器機に歪みが生じます．また，気圧が変動すると大気差も違ってきます．鋭い頭脳の持ち主だったガリレオは，これらの困難を克服する巧妙な方法を提案しました．十分に接近して見

える二つの星を考え，片方は他方に対して非常に遠方にあると仮定します（図19）．すると，遠い星の視差は近いほうの視差よりずっと小さいですから，遠い星の視差を無視しても近似的には問題はありません．つまり，遠い星に対して近い

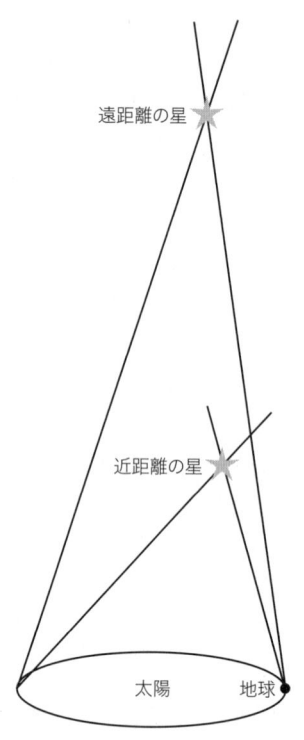

図19 ガリレオによる年周視差の測定法．遠方の星と近距離の星が，地球から見て接近している組を選ぶ．遠方の星に対する近距離の星の相対角距離の変化を調べれば，地球が太陽の周囲を回ることで起きる年周視差を検出できるというアイデアを示した図．

星の視差の変動を相対的に測定します．これはきわめて優れた方法で，二つの星が接近しているために，先に述べた器機の歪みや大気差といった複雑な効果が相殺されて考慮する必要がなくなるからです．

　ガリレオは，提案した方法を自分で試してみないままに，この提案が実現されるまでには長い年月が経ちました．その間，ルネ・デカルトは，星々は太陽であり太陽も星の一つにすぎないという信念を人々の間に広めましたが，この考え方が星の距離を推定するもう一つの方法につながったのです．

星の明るさによる距離の推定

　もし宇宙空間が完全に透明だったとすると，星からの光は距離の2乗に逆比例して弱まります．だから，もし太陽を実際より1000倍遠い場所に置いたとしたら，その明るさは100万分の1になるはずです．いま，例えば，恒星シリウスの明るさなど，物理的な特性が太陽と完全に同じと仮定してみましょう．すると，もしシリウスの明るさが太陽の100万分の1と測定されたならば，シリウスは現在の太陽より1000倍遠い距離にあることになります．

　しかし，非常に明るく輝く太陽と，暗い星々の明るさをどうやったら比較できるのでしょうか．オランダの物理学者クリスティアーン・ホイヘンス（1629〜95）は，測定者と太陽との間に，小さな穴を開けたスクリーンを置く実験を行いました．穴の直径を変えていって，その穴を通して見える太陽の部分がシリウスの明るさに等しくなったとき，太陽全体の何パーセントに相当するかを計算し，上に述べた仮定に基

づき,シリウスの距離を推定するのです.これはかなり大雑把な方法ですが,ホイヘンスはシリウスの距離を2万7664天文単位と算出しました.この計算が1698年に出版されてから約30年の間,ほかに利用できる結果がなかったためこの数値は広く引用されました.事実,星までの距離は非常に遠かったのです.

その後,アイザック・ニュートンの親しい友人しか知らなかったのですが,彼がスコットランドの数学者ジェームズ・グレゴリー(1638〜75)の巧みな提案を利用して,星の距離を推定してみせました.1668年に書いた小冊子の中で,グレゴリーはシリウスの代わりに惑星を使って,測光学的な比較をする考えを提案しました.まず,ある惑星の明るさがシリウスの光度に等しくなる時期まで待ちます.そして,太陽から地球に直接来る光と,惑星で反射されて来る光の強度を,惑星の既知の距離を考慮して比べるのです.このようにしてニュートンは,シリウスの距離は100万天文単位と推定しました.この値はシリウスの真の距離の半分強でしたが,ニュートンの仲間の間では,最も近い星までの距離でさえ,途方もなく遠いという認識が定着したのです.

光行差の発見

上に述べた星の距離の推定は,どの星も双子のように同じという仮定に基づいていました.しかし,個々の星の年周視差測定では,そのような仮定は成立しません.ある日,ロンドンに住んでいたロバート・フックの頭に,りゅう座γ星は日周運動でロンドンの真上を通過するから,この星を観測す

れば大気差の影響は受けないだろうというアイデアが浮かびました．また，観測機器が季節変化で歪まないようにするため，望遠鏡を自分の家の構造壁にしっかり固定しました．まだ望遠鏡による天文学は初期の段階だったので，りゅう座 γ 星が天頂を1回通過するのを観測する目的のためだけに，この望遠鏡を設計したのです．

残念ながら，フックの天才的アイデアは彼の忍耐強さとは相いれず，1669 年にたった 4 回観測しただけでした．その後，彼は病気になり，しかも望遠鏡のレンズが破損し，フックの計画は無に帰しました．とはいえ，フックの方法はもっと追求してみる価値があると見られたため，1720 年代の中頃に，裕福な英国のアマチュア天文家サミュエル・モリヌー（1689 〜 1728）が再度，りゅう座 γ 星の年周視差を測定する望遠鏡を製作しようと決心します．彼はジェームズ・ブラッドレーを共同研究者に誘い，代表的な望遠鏡メーカーだったジョージ・グラハムに"天頂セクター"とよぶ特殊な望遠鏡を注文しました．この装置は，モリヌーの自宅の暖房煙突の側面に取りつけられました．星が真上を通過するとき，星が望遠鏡の視野の中心に来るように，望遠鏡の筒をわずかに傾けられるように設計されていて，この天頂からの傾き角は，セクター目盛を用いて精密に読み取れるのでした．

年周視差の簡単な予報計算からは，りゅう座 γ 星はクリスマスの 1 週間前に最も南に到達するはずでした．ところがブラッドレーが驚いたことには，12 月 21 日には天頂を越えて南側に移動しました．また，計算では翌年 3 月までには動きが北に戻るはずが，12 月の位置を越えてさらに角度で 20 秒

も南に動いたのです．その後，南行は止まり，今度は逆行して6月に昨年の12月の位置を通過し，9月には最も北の位置に達しました．

ブラッドレーとモリヌーはこの原因をさまざまに議論しました．地球の自転軸に未知の運動があるために，星の座標に影響したのでしょうか．または，地球の大気は地球の公転運動によって形が歪み，それが星の大気差に予期しない影響を及ぼしたのでしょうか．しかし，検討の結果，どちらもうまく説明がつきませんでした．ブラッドレーは決心して，もう一つの天頂セクターをグラハムに発注します．今度は，望遠鏡の視野をもっと大きくして，いくつかの星の精密測定が一緒にできるように設計しました．この望遠鏡で観測した結果，どの星の位置も共通の変動パターンにしたがうことがはっきりしました．ですが，その動きの原因は謎のままでした．

ある日，ブラッドレーはテムズ川で船に乗っていて，船が方向を転換すると船に取りつけられた風見鶏が向きを変えることに気づきました——外の風の向きは同じままで，船が方向を変えただけなのに．これを見たブラッドレーは，テムズ川の船と同様に，地球が太陽の周囲を公転しているため，地球の速度は星からやって来る光線の方向に対して向きを変えるのだと悟ったのです．

これが光行差の発見です．光行差は1729年に王立協会に報告されましたが，この発見はいくつかの点で非常に重要な意義がありました．まず，地球が太陽の周りを巡ることをはじめて直接的に証明したことです．どの星の位置も同じ変動

パターンにしたがうことから，光速は一定であることが示されました．また，フラムスティードの星表など過去の星表にはみな，光行差による誤差が含まれることが明らかになりました．そして最後に，ブラッドレーの天頂セクターでも星の年周視差は検出されなかったことから，星の距離はきわめて遠い，少なくとも40万天文単位以上であるに違いないと推定されたことです．

　光行差発見の前年，死後に出版されたニュートンの『世界のシステム』には，星はすべて物理的に同じと見なした作業仮説にしたがって，シリウスの距離は100万天文単位と推定した結果が載っていました．この粗っぽい仮定に基づいて計算された星の距離と，天頂セクターの観測から得られた星の最短距離40万天文単位の両方から，天文学者は星までの距離の大きさをようやく理解するようになったのです．

　上の数値からわかることは，年周視差の大きさはわずか1～2秒角以下に違いないという失望させるような結論でした．この角度は，何キロメートルも離れたところから見たコインの幅と同じです．この微小な角度の範囲で，年周視差は何ヵ月もかかってゆっくり変動するのです．そのため，次の世代の天文学者たちは，このような望みの少ない観測には熱意を示しませんでした．ウィリアム・ハーシェルは1770～80年代に，多数の二重星のデータを集めました．それは，ガリレオが提案した，接近した二つの星を利用する年周視差の検出が表向きの理由です．しかし，ハーシェルは天性の博物学的な気質の人で，いつの日にか他人が使ってくれそうな種類のデータを熱心に収集しました．一方，ほとんどの天文

学者は，もっと具体的な成果が得られる研究に時間を費やすほうを好んだのです．

いずれにしても，ハーシェルは知らなかったのですが，教区牧師で王立協会のフェローだったジョン・ミッチェル（1724頃～93）は，二重星の数があまりに多いので，大部分の二重星は観測者から見かけ上接近して見えるのではなく，実際に3次元的に近い距離にいるのに違いないと結論しました．ですから，二重星はガリレオの方法を使って年周視差を求めるには不適当であることが示されたのです．ハーシェルはミッチェルの研究を確かめるため，18世紀の終わり頃，自分の二重星リストを調べなおし，二重星のいくつかは実際に二つの星がお互いの周りを軌道運動していることを見つけました．約30年後，息子のジョン・ハーシェルらが，二重星の軌道は楕円であることを確認します．遠い二重星の世界でも，二つの星を結びつけている力は，ニュートンによる万有引力であることが示されたのです．ニュートン自身は，万有引力は全宇宙で成り立つと主張していましたが，二重星によって，太陽系の外でも万有引力が適用できる証拠がはじめて観測的に得られたのでした．

時代とともに望遠鏡の性能が向上して，恒星の天球上における二つの座標（赤経，赤緯）は益々精密に測定されるようになりましたが，第3の座標，距離に関する情報は，非常に遠いというだけで，詳しくはわかりませんでした．最も近い星々がいちばん明るいという推定にも疑問がもたれ始めました．というのは，固有運動のデータが増えるにつれて，固有運動の大きな星がつねに明るいとは限らなかったからです．

年周視差の検出に成功

　その典型的な例が，19世紀の初めにピアジが，次いでベッセルが見つけた，はくちょう座61番という星です．この星は年間5秒角以上という大きな固有運動を示していました．明るさは中程度ですが，61番星は本当に太陽に近いのでしょうか．

　年周視差の大きさは星の距離に逆比例しますから，年周視差を検出しようと思えば，最も近い星の測定に精力をそそぐのは当然です．測定候補を絞り込むいろいろな方法が失敗した後，1837年にドイツ生まれのヴィルヘルム・ストルーベ（1793〜1864）が，近い星を判定する三つの基準を提案しました．星が明るいこと，固有運動の値が大きいこと，二重星の場合には，二つの星の公転周期に比べて，それぞれの星が十分離れて見えること，です．

　ドルパット（現在のエストニア，タルトゥ市）の天文台にいたストルーベは，ジョセフ・フラウンホーファー（1787〜1826）が製作した非常に優秀な屈折望遠鏡を所持していました．この望遠鏡の対物レンズは口径が24センチメートルでしたが，きわめて優れた光学性能を示しました．また，望遠鏡の架台は赤道儀式とよばれるもので，地球の極軸に平行な1軸の周りに望遠鏡を回転させるだけで，日周運動による星の動きを追尾できました．1835年にストルーベは，ベガ（おりひめ星）という明るく固有運動が大きな星を測定対象に選びます．1837年になって，彼は17回の測定から，年周視差として8分の1秒という角度を発表しました．また3年後，測定数を100回に増やして，今度は4分の1秒という

値を得ました．しかし，年周視差に関してはフック以来，正しくない値の報告があまりに多かったため，天文学者たちはストルーベの結果をすぐには信用しませんでした．

　その頃，ケーニヒスベルクのベッセルも，フラウンホーファーの望遠鏡で年周視差の測定に挑もうとしていました．この屈折望遠鏡は口径がわずか16センチメートルでした．フラウンホーファーは，十分性能のよいレンズを磨くことだけに満足せず，思い切って丸いレンズを半分に切断し，これら二つの半円を共通の直径に沿って互いに少しずつ動かせる，特殊な望遠鏡を製作しました．各半円のレンズは，焦点面に明るさが半分の二つの星の像を結びます．この望遠鏡を二重星に向けると，半円レンズのために，1対の二重星の像が見えることになります．このとき，二重星の像が重なるように片方の半円レンズを若干動かして，レンズの移動量を読み取ると，それがこの二重星のきわめて精密な角距離に相当するのでした．この種の望遠鏡は，太陽の見かけの直径が変動するかどうかを調べる目的にしばしば用いられたので，ヘリオメータの名で知られています（ヘリオス，太陽）．

　ベッセルは，観測候補を十分に吟味し，"空飛ぶ星"の異名をもつ，はくちょう座61番を測定対象に選びました．ベッセルはこの星を，前例のないほど慎重なやり方で観測しました．彼はこの星を毎晩16回，とくに空の状態が安定している晩はそれ以上の回数測定し，それを1年間以上にわたって続けました．そして，約3分の1秒という年周視差を発表したのです．グラフに示されたこの星の位置変動は，年周視差として期待される動きによく合っていたので，今度は，つ

いに年周視差が検出されたと広く認められたのでした．ジョン・ハーシェルは，王立天文協会でベッセルの成果を紹介し，「実地天文学がかつて達成した最大の輝かしい勝利」と称えました．いまや，恒星の天文学は距離という第3の次元をもつようになり，数十年のうちに年周視差が測定された星の数は急速に増していきました．

無限空間に分布する星々

　ところで，恒星世界の全体構造はどうなっているのでしょう．ニュートンの『プリンキピア』は，星についてはほとんど何も述べていません．1692年以前には，彼は宇宙にはあまり関心がなかったように見えます．この年，ニュートンは若き神学者リチャード・ベントレー（1662～1742）から一通の手紙を受け取ります．ベントレーは以前から教会で，科学と宗教に関する一連の講義と説教を受けもっていました．それを出版することになり，高度な数学で記述され，みなが敬意を払うものの，誰も理解できない『プリンキピア』の著者の見解を聞くために手紙を出したのです．ベントレーは，神が宇宙を創造した後，宇宙の中で物体どうしが勝手に動くにまかせて神は手出しをしないという，デカルト的宇宙観には反対でしたが，もしデカルト的な立場に立つと何がいえるかを知りたかったのでした．そこで彼は，宇宙の中で最初に物質が完全に対称に分布していたら，その後の宇宙はどうなるか，と質問します．

　ニュートンは最初，ベントレーが文字どおり"完全に"対称な分布を意図しているとは思わずに，一様な分布といって

も場所によってわずかな物質のむらがあるため,濃い部分が周囲の物質を引きつけ,重力が強くなってさらに多くの物質の集中が起こる,と答えます.その後,訂正して,完全に対称ならば,物質がある特定の方向に動く理由は何もない,しかし,完全に対称な宇宙などは,無限に広がった鏡の上に鋭い針を隙間なく無数に垂直に立てた場合と同じで,現実にはあり得ない,ともつけ加えました.これに対してベントレーは,宇宙では無限に多くの星がどれも静止しているように見えることに関して,「無限の空間に無限に多くの物質があって平衡状態を保つのは難しいのではないですか」と反論しました.つまり,宇宙のすべての星が互いに重力を及ぼし合っているのに,なぜ星々は静止しているように見えるのか,と言いたかったのです.

ベントレーの反駁によって,ニュートンは,『プリンキピア』の中に書いた,重力は宇宙の万物に当てはまる法則だという主張との深刻な矛盾に直面しました.昔から何世紀にもわたって観測されてきたのに,星々はみな動かないように見えるからです.すでに述べましたが,ニュートンは当時,宇宙の広大さを正しく推定した唯一の学者でした.それにもかかわらず,奇妙なことに,彼は星々が途方もなく遠いために,その動きが私たちは知覚できないのだとは考えなかったようです.かわりにニュートンは,恒星は静止していると信じ,その理由を説明しようと努めました.

この矛盾の解決案が,『プリンキピア』の第2版として書かれた草稿の中に見つかります.ニュートンは要職に就くためにケンブリッジからロンドンに移ったので,第2版の出版

は実現しませんでした．前章で，ニュートンはかつて次のように考えていたことを紹介しました．「神は最初，人類に安定な環境を与えるために，太陽を巡る有限の大きさの太陽系をしかるべく配置した．しかし，惑星の運動は十分に安定ではなかったので，重力で太陽系が崩壊しないように神が干渉する必要があったのだ」と．それに対して，恒星の宇宙も同じように安定である理由を，ニュートンは以下のように説明しました．「恒星の数は無数であり，その分布もほとんど対称である．そのために，最初に静止していた星々は，ほかの星からあらゆる方向に等しく引かれるため，ずっと静止状態を保つのである．」

しかし，夜空を眺めればすぐに，星々の配置は完全な対称からはほど遠いことがわかります．そのため，少なくとも近距離の恒星の間では見かけ上対称である証拠をニュートンはなんとか示そうとしました．じつのところ，ニュートンはあまり対称性がよくないことを重大問題とは考えなかったようです．ここで彼は，太陽系のときに使った解決法を再度もち出します．すなわち，初期の安定な星々の配置を保つように，恒星世界にも神が干渉して，現在見る星々の配置になっていると主張したのでした．

オルバースのパラドックス

恒星世界に対するニュートンのおもな興味は力学でした．ところで，星々から私たちに届く光の問題は，どう考えればよいのでしょうか．この疑問を投げかけたのは，ニュートンの知人だった若き内科医ウィリアム・ステュークリー（1687

〜1765)で，1720年頃のことです．約1世紀前，ガリレオの望遠鏡によって，天の川は無数の微小な星々の集まりであることが確認されましたが，不思議なことに天の川の星々の3次元的な構造に興味をもつ天文学者はいませんでした．またニュートンも，天の川の星の分布が，恒星世界の対称な分布という彼の主張に対する明らかな反証であることに思い至りませんでした．

ステュークリーは，「個別に見えるほど明るい恒星は球形に分布した集団をなし，天の川の淡い星々はその外側を円盤状に分布している，土星の本体と環に似た構造ではないかと自分は想像するが，ニュートン先生はどう思うか」と聞きました．それに対してニュートンは，「星が無限に分布した対称な宇宙のほうが好ましい」と答えました（じつはニュートンは，ステュークリーが質問したまさにその問題を密かに考えていたのですが）．ニュートンの答えに納得しないステュークリーは，「無限に分布した対称な宇宙では，空全体が天の川のように光るだけではないですか」と反対しました．

1721年の初め，ステュークリーはハレーとニュートンと3人で朝食をとりながら，天文学の諸問題について議論しました．その中で，恒星が無限に分布する宇宙の話題も出ました．数日後，ハレーは王立協会でこのテーマに関する報告を発表しましたが，後にハレーが『哲学紀要』にまとめた2篇の論文で，ニュートンの宇宙モデルの意味が明らかになったのです．

片方の論文の中でハレーは，「私が聞いたもう一つの話は，恒星の数が有限でないのなら，天球は真昼のように輝くだろ

うという議論です」と述べます．そして，ハレー自身がステュークリーの疑問への回答を与えていますが，残念ながらそれは間違っていました．ほぼ球形で無限の遠方まで分布した恒星宇宙の明るさがはじめて正しく議論されたのは，ようやく1744年になってからです．

　スイスの天文学者J-P・L・ド・シェゾー（1718〜51）は，1744年の自著の中で次のように議論しました．「私たちから最も近い距離にある星々が，ある空間内にほぼ一様に存在していたとすると，これらの星々は全体として天球のある領域を占めるように見えるだろう．次に，2倍の距離にある4倍の大きさの天域内に同じような密度で星が分布していたとすれば，個々の星の明るさは4分の1になり，この空間も4分の1の大きさに見えるだろう．だから，これらの星々全体としては，空に占める領域の大きさは最も近い星々の場合と同じであり，その全体としての明るさも前の場合と同じになる．3倍の距離にある大きさが9倍の天域内にある星々を考えても同じ議論が成り立つから，この部分の全体としての明るさは距離が2倍の場合と同じになる．恒星が無限の距離まで分布しているとすれば，上の議論も無限に続けられることになり，結局，星々の明るさは無限に加算されて天空は無限の明るさで輝くだろう」と．

　上に紹介した話題は，夜空はなぜ暗いのかという問題を，近代の天文学者が「オルバースのパラドックス」とよんだことと関係しています．1823年にオルバースが述べたのと同様に，シェゾーは，彼の議論が成り立つのは，無限の距離にある星々の光が途中でまったく吸収されずに私たちに届く場

合だけだと指摘しました．もし光が伝播する各段階でほんのわずかでも弱まれば，非常に遠くの恒星は最終的には見えなくなるはずだとも言っています．つまり，シェゾーとオルバースにとってはこの問題は，パラドックスでも何でもなかったのでした．

いまでは，星からの途中にある星間物質がたとえ光を吸収しても，エネルギーの保存則から，やがてそれ自身が熱せられて再放射をすることがわかっていますが，19世紀後期の天文学者にとってもこの話はパラドックスではなかったのです．その後も，光が通過できない特別な真空を仮定するなど，この問題に対する多くの解釈が唱えられました．夜空の暗さがパラドックスとして問題視されるようになったのは，私たちの時代になってからです．そしてパラドックスと言い出した人々は，この問題がオルバース以前，シェゾーやハレー，そして医者だったスチュークリーの時代にまでさかのぼることを気づかなかったのでした．

トーマス・ライト

やがて，天の川の問題について考え始めるアマチュア科学者が出てきます．1734年に，イングランド北東部のダラムのトーマス・ライト（1711〜86）は，各地の公開講演会で彼の独特な宇宙論を展開しました．ライトによれば，太陽と星々は，"宇宙の神聖中心"を取り囲む巨大な球殻の中で，それぞれが軌道運動をします．この球殻の外側には"暗黒の空間"が広がっています．

聴衆の理解を助けるために，ライトは宇宙の断面を示した

絵図を用意しました．その中には，地球から見た太陽系と近傍の恒星が描かれ，遠方にある星々からの光は一体になって見え，それが天の川であると説明しました．

しかし後になって，ライトは自説の誤りに気づきます．先の説明では，太陽系と神聖中心とを通る任意の断面の中でそれぞれ別々の天の川が見えることになりますが，現実の天の川は一つです．そこでライトは，1750年に出版され，多数の見事な図版を載せた『宇宙の起源論　または新仮説』では，訂正案を示しました．太陽とほかの星々を含む球殻の厚さを以前よりずっと薄くしたのです（ライトは，全宇宙の中には，このような球殻宇宙が，したがって神聖中心も無数にあるとも考えたようです）．その結果，観測者から球殻の外側または内側を直角に見るときには，視線はじきに暗黒の空間にぶつかるため，近傍の明るい星々だけが見える．それに対して，球殻に接するような方向を見た場合には，球殻の半径は非常に大きいので，遠方の星々まで見通せるため，それらの光が一体となって，天の川として見えるだと説明しました（図20，21）．

出版の翌年，ライトの本の要約が，図版なしでハンブルクの定期刊行物に紹介されました．これを読んだドイツの哲学者イマヌエル・カント（1724～1804）は，"神聖中心"は，全宇宙の中で唯一であるべきで，われわれの太陽系と周囲の星々もその一部であるに違いないと考えました．一方，カントは，淡い光のしみに見える「星雲」の存在についても知っていて，これらを私たちの天の川とは異なる別の星々の集団であると信じていました．星雲の形は一般に楕円形です．球

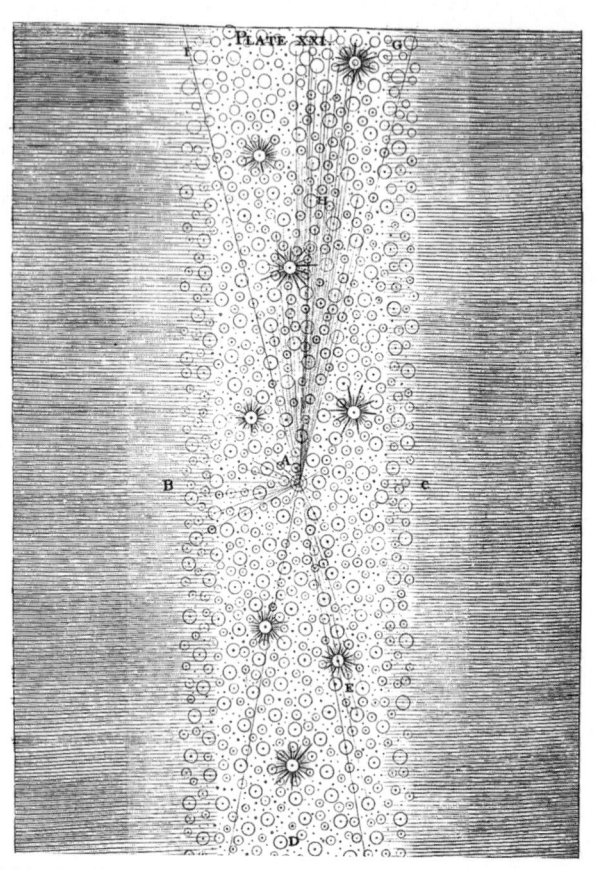

図20 トーマス・ライトによる最初の星の分布モデル．ライトが読者に，彼の考える恒星宇宙の構造を理解してもらうために描いた図．太陽を含む恒星は平行な二つの面内に分布している．Aにいる観測者は，面に直角なBやCの方向を見ると，近い，つまり明るい星々がまばらに見える．それに対して，面に平行に近い方向，DやEを見ると，近い星から非常に遠方の星々まで一緒に多数見えるため，天の川のように見えると説明した（『宇宙の起源論』，1750年）．

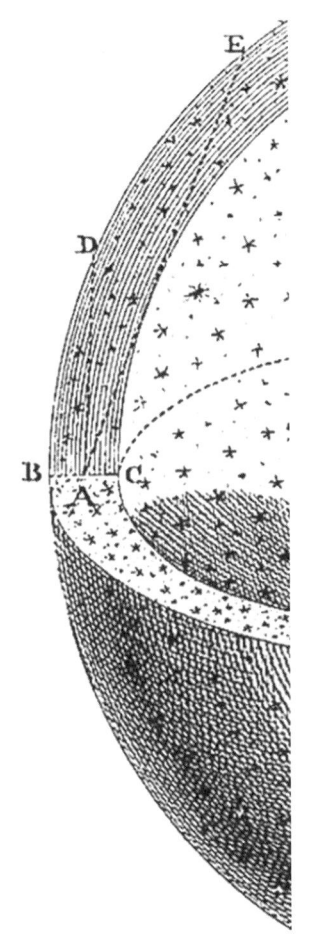

図21 ライトが好んだ球殻内に恒星が分布する宇宙モデル．太陽を含む星々は，厚みのある球殻内に分布している．観測者AからBまたはCの方向を見ると，明るい星がまばらに見える．一方，DやEの方向を見ると，球殻の半径は非常に大きいため，ずっと遠方の星々まで見えることなり，遠方の星は天の川のように見える．

形の星の集団では、どの方向から見てもそれは円形にしか見えません。そのためにカントは、ライトが提案したもう一つの宇宙モデル、神聖中心の周りをリング状に取り巻く構造のほうが本当らしいと思いました。さらに、幅が限られたリングである必要はなく、神聖中心を中心にもつ完全な円盤のほうがより適切であると考えました。円盤なら、斜めから見たときには星雲のように楕円形に見えるからです。このようにしてカントは、ライトの考えを誤解したのですが、天の川は円盤状に集合した星の集団だと理解しました——事実、カントのアイデアはまさに正解だったのです。

ウィリアム・ハーシェル

　アマチュア科学者が熱狂的に取り組んだ宇宙構造の議論は、プロの天文学者には何の衝撃も与えませんでした。ただし、もう一人のアマチュア天文家ウィリアム・ハーシェルが1781年に発見した天王星はもちろん無視するわけにはいきませんでした。音楽家であったハーシェルは、ドイツのハノーファーから7年戦争の戦争難民としてイングランドに移住してきました。しかし英国では、彼の素人臭い報告と、プロの光学研究者でも使わないような高倍率の望遠鏡で新発見をしたと主張するため、ハーシェルは問題人物と見なされました。

　1772年にハーシェルは、ハノーファーの親族によって冷遇されていた妹のカロリンを英国に引き取りました。以後、彼女は天文学と日常生活の面でハーシェルの手足のような助手の役を務めます。ハーシェルの人生はすべて天文学のため

で,宇宙の構造を解き明かしたいという強い情熱に支えられていました.その目的のためには,遠くて暗い天体が観測できるように,できるだけ口径の大きな反射望遠鏡を備える必要があることを悟りました.近くの工場から望遠鏡の鏡材を購入し,自分で反射鏡を削り研磨する技術を習得しました.非常に努力した結果,間もなく工場の親方たちの技量を追い越し,ついには直径90センチメートルの金属鏡材を自分で鋳込むために,1781年には大胆にも自宅の地下室を鋳物工場に改造してしまいました.しかし2回鋳込みに失敗し,事故まで起こしました.

ハーシェルによる天王星の発見に感銘を受けた人々は国王に請願して,彼が天文観測に専念できるように終身年金を受給すべく取り計らいました.その結果,ハーシェルはウィンザー城の近くに引越し,頼まれれば王族と賓客に望遠鏡で観望をさせる以外の義務からは免除されました.やがてハーシェルは,長さ20フィート(約6メートル),口径18インチ(約46センチメートル)で安定した架台に乗った当時世界最大の望遠鏡を完成します(図22).

観測のとき,カロリンは声が届く脇の机に座って,記録係を務めました.この望遠鏡の完成後20年もの間,ハーシェルは星雲と星団とを求めて,掃天観測をすることに大部分の時間を費やしました.望遠鏡は南に向けてある高度角に固定され,ときには少し上下に移動させます.天は日周運動でゆっくり回転するので,空を帯状に掃きながら,星雲と星団を探せるわけです.二人がこの観測を始めた頃は,わずか100個ほどの天体しか知られていませんでしたが,掃天観測が完

図22 ウィリアム・ハーシェルが製作した20フィート大反射望遠鏡．1783年から観測を開始した．この銅版画が描かれたのは1794年．ハーシェルはこの望遠鏡で掃天観測を行い，2500個の星雲と星団を発見した．1820年になると木製の望遠鏡架台は腐食が進み，息子のジョン・ハーシェルは架台をつくり直した．ジョンはのちに，この望遠鏡を南アフリカの喜望峰に移設し，父親の星雲・星団リストを南天にまで拡張した．

了したときには2500個もの星雲と星団を発見し，分類できたのでした．

星雲の正体の探求

　遠方にある星の集団は，個々の星々が分解できずに天の川のような星雲状に見えるはずだと天文学者はみな理解していました．しかし，全部の星雲がどれも星の集団なのでしょうか，ハーシェルが"真の星雲"と名づけたような，近距離に

あり発光する流体状（雲状）の星雲は存在しないのでしょうか．もし，ある星雲の形が変化するような場合は，それが距離の近い真の星雲の証拠と認めていいでしょう．なぜなら，遠方の星雲だったら非常に巨大なはずで，そんなに短時間で全体の大きな形を変えることは不可能なはずだからです．1774年，ハーシェルは観測帳の最初の頁に，オリオン大星雲は17世紀にホイヘンスが描いた形から変化したと記載しました．何年もの間，時々この星雲を観測しましたが，やはり形を変えているように見えました．その後，多くの星雲を調べた末に，星雲にはミルクのように一様なものとまだらな斑点をもつものとの2種類があり，後者が無数の星の集団からなる星雲と想定しました．

しかし，1785年になると，上の2種類の星雲の特性に加えて，個々の星も含んだ星雲に遭遇します．そこでハーシェルは，この星雲は観測者からずっと遠方にまで広がった星の集団であると解釈しました．つまり，星雲の近距離の部分は個々の星に分解して見え，より遠い部分はまだらな星雲に見え，最も遠い部分は一様なミルク状星雲に見えると考えたのです．そのため，ハーシェルは以前の見解を撤回して，すべての星雲は星の集団であるという考えに変わったのでした．

星の集団というからには，星々を集団にまとめている力，ニュートンによる万有引力がはたらいているはずで，そのために星どうしは次第により近くに集まってくるはずです．このことは，過去には星々は現在よりもっと分散しており，将来に向かってはより密集した星の集団になると期待されます．

このようにしてハーシェルは，天文学にはじめて生物学の概念をもち込んだのです．すなわち彼は，博物学者の立場で，非常に多くの種の天体を集めて分類し，若年，壮年，老年という年齢に基づく進化にしたがって星雲を配列し直しました（図23）．ハーシェルはまさに，天文学の概念を変革したのです．

　1792年の晩，ハーシェルはいつものように空を掃天観測していて，周囲を星雲が取り巻いた1個の星に出くわしました．彼は，この星は雲状の星雲から凝縮しつつある姿に違いないと判断し，"真の星雲"が実際に存在すると悟ったのです．そこで，自分が考えた星の集団の系列を拡張して，初期の進化段階を付け加えました．それは，初めに薄く散らばっていた光の雲が重力作用によって収縮し小さい星雲となり，そこから星が誕生するという考えです．これらの星々はさらに集まって巨大な星の集団である星雲を形成する，時間とともにこの星雲の密集の度合いは高まるため，最後は自分自身の上に崩壊して大爆発を起こす．爆発によって光る雲は宇宙空間に撒き散らされ，また星雲を形成する進化の過程がくり返されるというシナリオです．ハーシェルと同時代の天文学者たちは，ハーシェルの主張を確認できるような大望遠鏡を誰ももっていなかったので，ハーシェルの星雲進化説に困惑するしかありませんでした．

　恒星天文学を科学の主流に育て上げたのは，ウィリアム・ハーシェルの息子のジョン・ハーシェル（1792〜1871）です．父親はジョンに強い権力を行使して，ジョンが通っていたケンブリッジ大学を辞めさせました．天文学者の職を継が

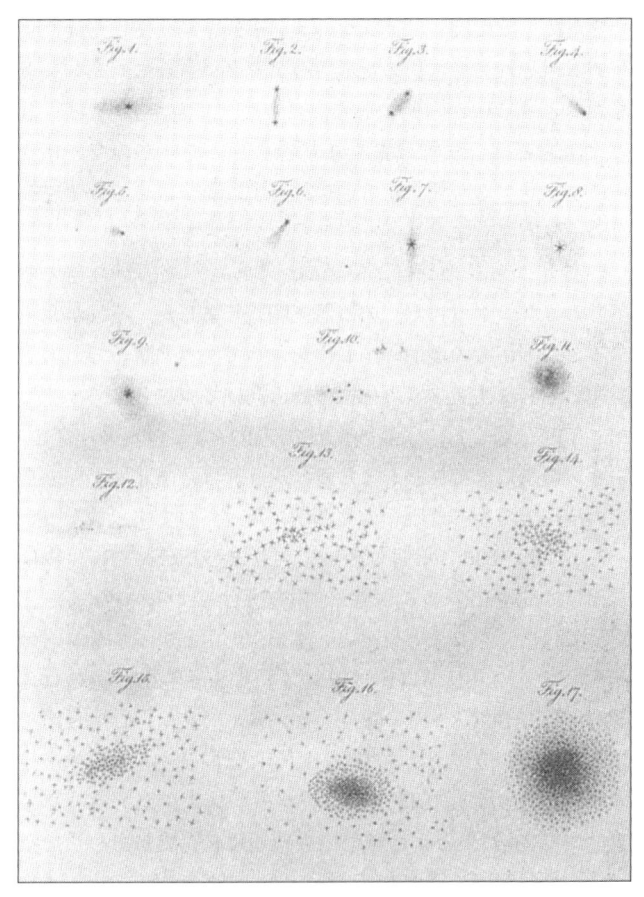

図23 ハーシェルによる星雲と星団の進化系列のスケッチ．万有引力の作用によって，時間が経つと星雲・星団同士はより密に集まってくるという考えのもとに，まばらな星雲・星団はより古く，密集したものは若いと見なして，この進化系列を描いた（『哲学紀要』，104巻，1814年）．

せるため，家に戻して天文学の徒弟奉公をさせました．ウィリアムがそれまでに集めた星雲のデータをさらに拡充し，よく調べさせるのが目的でした．長年使ってきた20フィートの大望遠鏡はいまでは古くなり朽ち始めていたので，1822年にウィリアムが死去する前に，息子に監督させて大望遠鏡をつくり直させました．

　1825年からジョンは，父親がつくった，英国から見える星雲のカタログ（目録）の改訂を開始しました．それが完了すると，国からの援助の申し出をすべて決然と断って，大望遠鏡とともに南アフリカの喜望峰に向けて旅立ちます．そこで4年間を過ごし，父親の星雲，二重星などのカタログを，南半球の空にまで拡張しました．ジョンは，南北両半球の空を大望遠鏡で調べた唯一の観測者になったのです．

　ジョンは1838年3月に英国に戻りましたが，それ以後は観測には従事せず，また大望遠鏡の所有者はハーシェル一家だけではなくなりました．というのは，中部アイルランドのバー城で，ウィリアム・パーソンズ（1800〜67，後のロス卿）が直径3フィート（約91センチメートル）の複合鏡を鋳造して組み立てたからです．翌年には同じサイズの単一鏡の製作に成功し，1845年には"パーソンズタウンのリバイアサン（怪物）"とよばれた巨大望遠鏡を完成しました．それは，反射鏡の口径が6フィート（約183センチメートル），重量は4トンもあり，一対の城壁の間に挟まれて上下に方向を変えられる大望遠鏡でした（図24）．数週間のうちにこの望遠鏡は，いくつかの星雲は渦巻き構造をもつことを発見しました．

図 24 ロス卿が建設した口径6フィートの大反射望遠鏡リバイアサン．1845年から稼働．この年の4月までに，ロス卿はいくつかの星雲は渦巻き構造をもつことを発見した．

　リバイアサンは，すべての星雲は恒星の集団であり，遠方にあるときに星雲状に見えるのかどうかという論争に決着をつけるために製作されました．そして，肉眼でも見えるほど明るいオリオン大星雲を調べるのがいちばんの近道だという点では，天文学者の意見は一致していました．事実，この望遠鏡はきわめて強力だったので，ガス状の星雲に埋もれた星々が見えました．ロス卿は，ようやく個々の星々に分解された星雲を見ることができたと納得したのでした．

　オリオン大星雲でわかった事実をほかの星雲にも一般化することには誰も反対せず，"真の星雲"なるものは天文学の

世界から消え去りました．しかし，これが間違いだったことは，やがて明らかになります．それは，天文学が単独ではなく，物理学と化学とが協力して恒星の光を分析できるようになってはじめて実現されたのでした．

エピローグ

　本書では，天文学の観測者と理論家とが，天体とは何か，どのように振る舞うのかを，時代を追って理解しようと努力してきた歴史について述べました．それらの情報は，観測者が意識するかしないかにかかわらず，天体自身ではなく，天体から地球に届く光によってもたらされることを注意すべきです．

天体のスペクトル
　光はどれも同じではありません．ある星は白く輝き，ある星は赤みを帯びています．私たちに最も近い星，太陽からの白色光と色のついた光との関係は，1666年にニュートンによって解明されました．ケンブリッジ大学のトリニティカレッジにいたとき，窓のシャッターの小さな穴から細い太陽光を室内に導き入れ，プリズムを通しました．よく知られているように，太陽光は虹の七色に分散しました．この当時，光は白色光が基本で，白色光がいろいろな変成作用を受けた結果色が生じると説明されていました．ところがニュートンは，まったく逆であることを示したのです．注意深い実験を

くり返して，各色の光のほうが基本要素で，それらが混じり合って白色光になる，太陽光は七色の光からなる（スペクトル）ことを証明しました．

　ニュートンは光の性質そのものを調べましたが，太陽からの光がどのような特性をもつかは研究していません．それに対してウィリアム・ハーシェルは，望遠鏡が光を集める能力があることに注目し，星の光のスペクトルは星によってどう違うかを調べようとしました．1783年という早い時期から何度も，20フィート大反射望遠鏡の対物レンズのところにプリズムを置いて，明るい星を観察しました．1798年4月9日には，6個の代表的な明るい星々のスペクトルを比較して，次のように報告しています．シリウスの光は，赤，オレンジ，黄，緑，青，紫，すみれ色からなっている．他方，アークトゥールスは，シリウスに比べて，赤とオレンジが強く，黄は弱い，などなど．しかし，ハーシェルはこれらの違いが何を意味するかまではわかりませんでした．

　星のスペクトルの正体が徐々に知られるようになるのは，より注意深い太陽光の分析が必要でした．1802年にウィリアム・W・ウォラストン（1766〜1828）が，ニュートンの実験を再度行いました．ただし，今度はニュートンが使った小さな穴の代わりに，幅が2ミリメートルほどの狭いスリットを通して太陽光をプリズムに導き入れました．黒い筋が7本入ったその太陽スペクトルを見てウォラストンは驚き，これらの筋は各色の境目だと考えました．一方，望遠鏡製作者だったジョセフ・フラウンホーファーはガラスレンズを太陽光でテストしていて，太陽スペクトルに細い何百本もの暗線

が見えるのに驚嘆しました．また，実験室でもスペクトルを調べ，場合によってまったく配置の異なる細い輝線のスペクトルが暗い背景に対して見えることを発見します（太陽や星のときは，連続的な虹色を背景に暗線が見えたのですが）．

天体物理学の誕生

それから約30年後，スペクトルのでき方についての状況が次第にわかってきました．これには，ドイツの化学者ウィルヘルム・ブンゼン（1811〜99）と物理学者グスタフ・R・キルヒホッフ（1824〜87）が主要な役割を演じました．1859年までに彼らは，白熱した固体と液体は，太陽光でよく知られた虹色の連続スペクトルを発するのに対して，高温のガスは輝線スペクトルを出すことを明らかにします．また，輝線スペクトルの位置や強度は，元素ごとにそれぞれ固有な特徴があることもわかりました．1864年にはウィリアム・ハギンス（1824〜1910）が，苦労してりゅう座にある1個の星雲のスペクトルを観測し，輝線スペクトルを見つけました．この発見によって，100年来の論争，"真の星雲"（ガス星雲）が実在するかどうかに，ようやく結論が出たのです．

さらに，ブンゼンとキルヒホッフとは，連続スペクトルの光を，ガスの中を通して見ると，そのガスが示す固有の輝線が反転して暗線に見えるという重要な発見をします．その結果，ある元素の輝線の位置を実験室内で測定しておけば，太陽，星，星雲のスペクトルから，そこにその元素が存在するか否かを天文学者は判定することができるようになりまし

た．

　パンドラの箱はついに開かれたのです．米国の天文学者ジェームズ・キーラーは，「天体からの光は，それがそこにあることを示すばかりでなく，その天体が何でできているかや，その物理状態まで私たちに教えてくれる」と述べました．かつて，フランスの哲学者オーギュスト・コントは1835年に，人間の叡智には限界があると宣言し，天体の化学組成を知ることは不可能であると主張しましたが，それが誤りであることが証明されたのです．

　その衝撃は非常に大きく，天文学はついに自己の独立性を失って，化学と物理学の一分野になってしまいました．ハギンスはその有様を次のように描写しました．

> いまや天文台は，はじめて実験室の様相を呈するに至った．有毒ガスを出す1次電池が窓の外に設置され，大きな誘導コイルの輪が望遠鏡の接眼部にライデン瓶とともに取りつけられている．観測室の棚には，ブンゼンバーナー，真空管，いろいろな化学物質と純粋な金属をつめた多数の瓶類が，ずらりと並んでいる．

　天体の特性，組成，および進化を研究する仕事は，天文学者よりもむしろ，"天体物理学者"の領分に変わりました．ケプラーが唱えた「新天文学」が再び勃興したのです．もちろん，その間，伝統的な天文学も天体物理学と平行して発展してきたのですが．

　科学の発展の歴史に終わりはなく，研究活動に伴って新たな学問分野が誕生します．本書が紹介した物語は，先に述べ

た，天文学の大転換が起こった19世紀の中頃までですが，これはまた新しい時代の始まりでもあったのです．

　天文学の研究は，いまでは科学者と技術者がチームとして行う共同の仕事です．電波望遠鏡は，人間の眼が知覚できない電磁波の情報を観測することを可能にし，また，多数の電波望遠鏡を組み合わせて，直径100キロメートルに相当する1個の巨大電波望遠鏡としてはたらかせる道も開かれました．巨大な口径をもつ反射望遠鏡が，大気圏の外にあるほど高度の高い山頂に建設され，とくに南半球ではかつてないほど遠方の宇宙が調べられるようになりました．望遠鏡がコンピュータで制御され，"能動光学系"と名づけられた，望遠鏡の鏡の歪みと大気の揺らぎによる像の劣化をコンピュータで改善する技術も確立されつつあります．ハッブル宇宙望遠鏡や宇宙探査機に代表される，最新の観測装置からの膨大なデータが新技術によって処理されています．それらから電波で地上に伝送された画像を見るとき，私たちは天文学者として，現在ほど興奮に満ちた時代はなかったと実感することでしょう．

参考文献

◯ 天文学史の全般に関する図書
中山茂 編,『天文学史』, 恒星社, 1982 年
中山茂 編,『天文学人名辞典』, 恒星社, 1983 年
クリストファー・ウォーカー 編, 山本啓二, 川和田晶子 訳,『望遠鏡以前の天文学』, 恒星社厚生閣, 2008 年
中村士・岡村定矩 著,『宇宙観 5000 年史 人類は宇宙をどうみてきたか』, 東京大学出版会, 2011 年
岡村定矩 代表編集,『天文学辞典』, 日本評論社, 2012 年

◯ 各章に関係する図書
第 2 章
近藤次郎 著,『星座・神話の起源 エジプト・ナイルの星座』, 誠文堂新光社, 2010 年

第 3 章
三村太郎 著,『天文学の誕生 イスラーム文化の役割』, 岩波書店, 2010 年

第 4 章
ジャン・ピエール・モリ 著, 遠藤ゆかり 訳,『ガリレオ』, 知の発見双書 No.140, 創元社, 1980 年
ヤン・アダムチェフスキー 著, 小町真之, 坂元多 訳,『コペルニクス その人と時代』, 恒文社, 1983 年

第 5 章
河辺六男 著,『ニュートン』, 中央公論社, 1979 年

第 6 章

斉田博 著,『近代天文学の夜明け ウィリアム・ハーシェル』, 誠文堂新光社, 1982年

フレッド・ワトソン 著, 長沢工, 永山淳子 訳,『望遠鏡400年物語』, 地人書館, 2009年

○ 原著者がすすめる参考図書
天文学史全般に関するもの

John North, "Fontana History of Astronomy and Cosmology", London, 1994

Michael Hoskin (ed.), "The Cambridge Illustrated History of Astronomy", Cambridge, 1997

Michael Hoskin (ed.), "The Cambridge Concise History of Astronomy", Cambridge, 1999

第6章に関するもの

Michael Hoskin, "Stellar Astronomy: Historical Studies", Cambridge, 1982

図の出典

図5
© Bettmann/CORBIS/amanaimages

図11
Thomas Photos/Oxfordshire Country Council Photographic Archive

図13
© SCIENCE SOURCE/Photo Researchers/Getty Images

図24
Museum of the History of Science, Oxford

用 語 集

エカント点 トレミーの『アルマゲスト』で使われた惑星運動の幾何学的モデルに出てくる点．離心円モデルで，円の中心を挟んで地球と反対側に位置する点．この点から惑星運動を見ると，惑星は天空を一様な速度で動くように見える．

オルバースのパラドックス 恒星が無限の空間にどこまでもほぼ一様に分布していれば，数学的計算では夜空は太陽のように輝くことを示せるが，実際には夜空は暗い．近代の宇宙論研究者は誤解して，このことを研究した H・W・M・オルバースにちなんで，オルバースのパラドックスとよんだ．

遠心力 中心の周りに円運動する物体が，円の接線方向に逃げ去ろうとする傾向．

逆2乗法則 重力の強さは距離の2乗に反比例して弱まるという法則のこと．

輝線スペクトル 「スペクトル」の項を参照．

逆行運動 惑星は星々の間を西から東に移動するが，ある期間，逆向きに動く場合があり，この動きを逆行運動とよぶ．太陽中心説では，火星，木星，土星の場合，内側の地球がこれらの惑星を追い越すときに逆行が見られる．

吸収線（暗線）スペクトル 「スペクトル」の項を参照．

求心力 力がなければ直線運動をするはずの物体が，中心からの重力作用によって円運動になる力のこと．

虚焦点 惑星は楕円軌道上を運動する．太陽はこの楕円の焦点の一つを占める．楕円は二つの焦点をもつが，太陽ではないもう一

つの焦点のこと．物理学上は意味のない焦点なので，虚焦点と名づけられた．

光行差 光速度（秒速約30万キロメートル）と地球が太陽の周囲を回る速度（秒速約30キロメートル）との比に応じて，恒星の見かけの位置が地球の進行方向にわずかだけずれて見える現象．

公転周期 惑星が太陽の周囲を1周するのに要する時間．

固有運動 恒星が長い年月かかって天球上をゆっくり移動する現象．

歳差 地球の自転軸の方向が天球と交わる点が，周期約2万5800年で天球上をゆっくり回転する現象．その結果，天の赤道と太陽の通り道である黄道との交点（春分点と秋分点）も同じ周期で回転するため，春分点から測った星の座標も変化することになる．

周転円 古代と中世における惑星の幾何学的運動モデルで使われた円．惑星は周転円の上を一様な速度で回転し，周転円の中心は，より大きな導円の上を一様な速度で動く．

新星 以前には何もなかった場所に突然明るい星が輝く現象．

スペクトル 太陽の白色光などを，プリズムを通して光を分散させると見える虹のような七色の光の帯．この連続スペクトルは，高温の固体と液体，および高温で密度の高いガスからの光で生じる．吸収線（暗線）スペクトルは，連続スペクトルを背景に黒く細い線スペクトルとして見え，高温物体からの光が低温のガス中を通過するときに見られる．例えば，太陽の吸収線スペクトルは，低温である太陽の外層大気が原因である．一方，暗い背景に対して見られる輝線スペクトルは，高温だが非常に希薄なガスが発するスペクトルで，ガス星雲のスペクトルが良い例である．

星雲 天の川のような，淡い光の小さな塊で，恒星や惑星とは外観がまったく異なる．物理的には，巨大な星の集団が非常に遠方にあるために星々が分解されずに星雲状に見える場合と，ガスの塊の2種類に大別される．両者が一緒になった星雲も存在す

る.

大気差 地球の大気は光を屈折させる.そのために,天体からの光線がわずかに曲がって見える現象.

楕円 円錐を平面で切った切り口に現われる閉じた曲線.ケプラーは,惑星は楕円軌道を描いて運動することを証明した.

直線慣性 力が作用しない状態で,運動する物体はそのままの一定速度を維持して移動し続ける傾向のこと.

天の赤道 地球の赤道を地球の中心から天球に投影した円.

天の北極・南極 地球の自転軸を天に投影した点.

天文単位 太陽と地球の平均距離(約1億4960万キロメートル).

導円 古代から中世にかけての惑星運動の幾何学的モデルに使用された.周転円とよぶ小さい円上に惑星があり,この周転円の中心が一様な速度で円運動する大きな円のこと.

年周視差 地球が太陽の周囲を回っているために,恒星の見かけの位置が,1年の周期で周期的に微小変化する現象.

ヘリアカルライジング 明け方の薄明の中に,恒星や惑星が初めて太陽とほぼ同時に地平線から昇ってくる現象.

変光星 光度が規則的に,または不規則に変化する星.

離心円 古代から中世にかけて使われた惑星運動モデルの一つで,惑星は円周上を一様速度で運動するが,地球は円の中心ではなく少しはずれた点に位置する.

索 引

あ 行
アストロラーベ　35, 36, 38
アダムス，ジョン　102, 103
アポロニウス　19, 23
天の川　65, 128, 136
アリストテレス　13, 17, 26, 39, 41, 46, 47, 50, 51, 65, 67, 80, 82
アル=ザーカリ　44
アル=スフィ　34
アル=ハイサム，イブン　40
アルゲランダー　114
アルゴル　108, 109, 110
アルフォンソ表　46, 48, 50, 58
『アルマゲスト』　21〜23, 27, 29, 32, 44, 49, 50, 54, 56, 111
アレキサンドリア　22
暗線　144
イムナイドラ遺跡　6
インペトゥス　47, 73
ウォラストン，ウィリアム　144
ヴォルフ，マックス　101
渦運動　81, 86
『宇宙誌の神秘』　72, 76
ウラニボルグ　59
うるう月　8
うるう年　9, 43
運動　67
エアリー，ジョージ　102
『英国航海暦』　97
エカント　24, 25, 27, 39, 49〜51, 53, 75, 85
エラトステネス　12
遠心力　81, 86
黄道　22, 38
黄道傾斜角　111
オリオン大星雲　137, 141
オルバース，ヴィルヘルム　100, 130
オルバースのパラドックス　129

か 行
海王星　101, 103
ガウス，カール　100
ガス星雲　145
加速度　67
カッシーニ，ドミニク　89
ガリレオ・ガリレイ　64〜69, 72, 80, 115, 122
環状列石　4
慣性　75, 81, 84, 86, 90
カント，イマヌエル　131, 134
輝線　145

規則変光星　108
軌道運動　73
軌道半径　52, 70
キブラ　31
逆行　54
求心力　86
虚焦点　25, 76
距離の逆2乗法則　84, 85, 87, 91, 102
ギルバート，ウィリアム　72, 74, 83
近日点　95, 103
金星の満ち欠け　66, 67
グリニッジ標準時　96
グレゴリー，ジェームズ　118
クレロー　95
クロノメータ　96, 98
経度問題　95, 96
夏至　2, 13
月距法　96〜98
ケプラー，ヨハネス　25, 69〜77
ケプラーの第1法則　75
ケプラーの第2法則　76, 85
ケプラーの第3法則　76, 84, 89
現象を救う　25, 56, 57, 72
原子論　79
光行差　111, 112, 120
恒星　28, 65, 105
コペルニクス　49, 52, 53, 58, 65〜67, 69〜73, 76, 115
固有運動　105, 110, 113〜115
渾天儀　34
『コンメンタリオルス』　51

さ 行

歳差　9, 21, 92
最大離角　52
サクロボスコ　45
シェゾー，ド　129, 130

時間球　98
ジジュ　34, 38, 39
『自然哲学の数学的原理』
（→『プリンピキア』）
四分儀　34, 60
周極星　9
周転円　20, 23, 26, 28, 39, 40, 66, 75
自由七科　45
秋分点　22
重力　87, 89, 90, 93
春分点　22
衝　74
章動　112
小惑星　100
シリウス　8, 117, 118, 121
新星　63, 106
新天文学　146
彗星　62〜64, 88
『スキピオの夢』　42
ステルンボルグ　59
ステレオ投影法　35, 36
ストーンヘンジ　2
ストルーベ，ヴィルヘルム　123
スペクトル　144
星雲　131, 135, 137, 139
『星界の報告』　66
星図　103
星表　22, 23, 34, 35, 97, 110
『世界の調和』　76
赤道　22
セフェイド　110
セレス　100
占星術　44

た 行

『第一解説』　53
大会合　106

大気差　　111, 115, 119, 120
太陽　82
太陽運動　113
太陽黒点　65, 66, 108
太陽中心説　52〜54, 57, 61, 66, 72, 73
太陽暦　43
楕円軌道　75〜78, 84, 85, 87
楕円の焦点　25
知恵の館　32, 38
地上界　14, 17, 62
潮汐　91
ティコ・ブラーエ　58, 61, 65, 67, 72, 74, 75, 92, 97, 106, 115
ティコの宇宙モデル　63, 64, 69
『ティマイオス』　42, 50
デカルト　125
デカルト, ルネ　80〜82, 86〜88, 117
デカン　9
哲学原理　82, 88
天球　73
『天球の回転について』　53〜57
『天球論』　45, 46
天上界　14, 17, 62, 106
天体物理学　146
天頂セクター　119
天王星　99, 101, 102, 134
電波望遠鏡　147
天文対話　67, 69
天文単位　115
導円　20, 23, 26, 28, 39, 75
冬至　2
同心球　15, 23
トレド表　44
トレミー　22〜29, 32, 34, 39, 46, 48〜51, 66, 67, 75, 92, 111, 115
二重星　121〜124

日周運動　17, 27, 135

な　行
ニュートン, アイザック　85〜87, 90〜93, 118, 121, 122, 125, 128, 143, 143
年周視差　61, 86, 115, 118, 119, 121〜125
農業カレンダー　5

は　行
ハーシェル, ウィリアム　99, 100, 108, 114, 121, 134〜139, 144
ハーシェル, ジョン　122, 125, 139, 140
パーソンズ, ウィリアム　140
ハギンス, ウィリアム　145, 146
はくちょう座61番　123
ハリソン, ジョン　96, 98
バルカン　104
ハレー, エドモンド　85, 111, 128
ハレー彗星　93, 95
万有引力　122
ピアジ, ジウゼッペ　100, 123
ピゴット, エドワード　108
ヒッパルコス　21〜23, 28, 92
火の三宮　106
ピラミッド　9
ブーリオ, イスマエル　106
不規則変光星　108
フック, ロバート　83, 84, 86, 87, 90, 118, 119
フベン島　59, 72, 78
フラウンホーファー, ジョセフ　123, 124, 144
ブラッドレー, ジェームズ

索　引　　157

111〜115, 119, 120
プラトン　14, 41, 50, 79
フラムスティード, ジョン　88, 97, 111
振子時計　96
『プリンキピア』　88, 90, 91, 93, 125, 126
プルバッハ, ジョージ　48, 51
プレアデス星団　2
『プロシャ表』　54, 58, 77
フワリズミ, アル　38
ブンゼン, ウィルヘルム　145
ベク, ウルグ　34, 35
ベッセル, フリードリッヒ　113, 123, 124
ヘリアカルライジング　5, 8
ヘリオメータ　124
変光星　105, 107〜110
ホイヘンス, クリスティアーン　89, 117, 118, 137
望遠鏡　65
ボエティウス　41
ボーデ, ヨハン　99
ボーデの法則　98, 100

ま　行

マイヤー, トビアス　97, 113, 114
マクロビウス　42
マスケリン, ネヴィル　97
ムワキット　31, 40

ら　行

メトン　43
面積速度の法則　76, 85, 88, 90
ユードクソス　15
ユリウス暦　43
ライト, トーマス　130, 131, 134
ライプニッツ, ゴットフリート　92
ラインホルト, エラズムス　54
ラカイユ, ニコラ　114
離心円　19, 21, 23, 24, 26, 75
リバイアサン　141
ルドルフ表　77
ルベリエ, ウルバン　102, 103
レギオモンタヌス　49
レティクス, ゲオルク　50, 53
連続スペクトル　145
60進法　10, 21
六分儀　34
ロス卿　140, 141

わ　行

惑星　14, 54, 69, 70, 74, 82
『惑星仮説』　27, 50
『惑星の新理論』　48

原著者紹介
Michael Hoskin（マイケル・ホスキン）
英国ケンブリッジ大学の名誉フェロー．科学史・科学哲学学科の学科長として，30年間にわたって天文学史を教えた．1970年にみずから創刊した国際学術誌 "Journal for the History of Astronomy" の編集長でもある．また，国際天文学連合の天文学史分科会会長も務めた．2001年に国際天文学連合は，ホスキンの業績をたたえて，小惑星12223番を「ホスキン」と命名した．著書に "the Cambridge Concise History of Astronomy"（1999）などがある．

訳者紹介
中村　士（なかむら・つこう）
帝京平成大学教授，理学博士．東京大学理学部天文学科卒業，同大学理系大学院修了．東京天文台（現在の国立天文台）に入所，NASAのスペーステレスコープ科学研究所研究員（1984～85）などを経て，2007年に国立天文台を定年退官．専門は太陽系小天体の研究と江戸時代の天文学史．著書に『江戸の天文学者星空を翔ける―渋川春海から伊能忠敬まで』（技術評論社，2008），『宇宙観5000年史―人類は宇宙をどうみてきたか』（東京大学出版会，2011，共著）などがある．

サイエンス・パレット 005
西洋天文学史

平成25年5月30日　発　行

訳　者　　中　村　　　士

発行者　　池　田　和　博

発行所　　丸善出版株式会社

〒101-0051　東京都千代田区神田神保町二丁目17番
編集：電話 (03) 3512-3265／FAX (03) 3512-3272
営業：電話 (03) 3512-3256／FAX (03) 3512-3270
http://pub.maruzen.co.jp/

© Tsuko Nakamura, 2013

組版印刷／製本・大日本印刷株式会社

ISBN 978-4-621-08667-4 C0344　　　　Printed in Japan

本書の無断複写は著作権法上での例外を除き禁じられています．